从面积问题到 Liouville 理论

刘成仕 著

科学出版社

北 京

内 容 简 介

本书从切线和面积问题谈起,在极短的篇幅内清晰地讲解了微积分最本质的内容,包括了外微分运算的几何意义和 Stokes 公式,以及函数的层饼表示和若干重要的不等式. 本书通过几何概率讲解了积分几何并应用到 Benneson 型等周不等式, 详细地证明了测度集中现象, 用具体的例子阐述了无穷维微积分, 从振动方程本身入手研究三角函数. 特别是详细地讲解了为什么某些初等函数的原函数不能表示成初等函数的 Liouville 理论. 本书特别强调对数学的理解, 从基本问题讲起, 直达前沿领域, 讲解透彻, 内容与方式都别具一格.

本书适用于广泛的读者, 包括数学、物理、力学专业的大学生、研究生、教师以及科研人员, 亦可作为大学生和研究生的教材或参考书.

图书在版编目 (CIP) 数据

从面积问题到 Liouville 理论/刘成仕著. —北京: 科学出版社, 2015.5
ISBN 978-7-03-044409-7

Ⅰ.①从⋯ Ⅱ.①刘⋯ Ⅲ.①积分学－研究 Ⅳ.①O172.2

中国版本图书馆 CIP 数据核字 (2015) 第 110737 号

责任编辑: 赵彦超 李静科 / 责任校对: 张凤琴
责任印制: 徐晓晨 / 封面设计: 陈 敬

科 学 出 版 社 出版
北京东黄城根北街 16 号
邮政编码: 100717
http://www.sciencep.com

北京凌奇印刷有限责任公司 印刷
科学出版社发行 各地新华书店经销

*

2015 年 5 月第 一 版 开本: 720×1000 B5
2015 年 5 月第一次印刷 印张: 6 7/8
字数: 134 000
POD定价: 48.00元
(如有印装质量问题, 我社负责调换)

前　言

　　数学的历史就是解决问题的历史. 面积问题是非常基本的, 既有趣又很有难度. 尽管绝大多数人都知道圆的面积公式, 但是可能有些人并不知道这个公式是如何得到的. 即使从 Euclid 时代算起, 对面积问题的研究也持续了近两千年, 到了 Newton 时代才通过微积分的方法得到了实质性的推进. 对面积问题的研究是微积分发展的一个最主要的来源. 微积分的基本思想如此简洁有力, 在数学的历史上可以看成是最重要的技术进步. 因此本书选择面积问题作为讲授微积分的出发点是经过深思熟虑的.

　　1990 年毕业后留校任教, 我讲的第一门课程就是高等数学. 那时候才第一次认真思考微积分的实质. 还记得向学生介绍微积分基本定理时的激动心情, 从此我逐渐地思考微积分中所有的基本内容. 特别是对曲线积分和曲面积分的 Green 公式和 Gauss 公式, 以及 Stokes 公式的思考, 使我很快掌握了外微分的代数技巧. 然而对于外微分的几何意义, 我最近才明白了其实质并写进本书.

　　当我理解了微元法的实质之后, 就能够用最短的篇幅和时间来讲授微积分了. 微元法是一个绝妙的技术, 它简单却威力强大, 许多问题用这个技术都能迎刃而解. 切线问题用微元法解决之后, Newton(之前, 他的老师 Barrow 就写在书里了. 我在这里用了春秋笔法)发现求面积问题是求切线的逆过程, 从此微积分开始快速发展起来. 之后把这样一个思想进行发展和推广, 绝大多数的工作就是把这个技巧应用到更复杂的函数, 因此更多是体力劳动式的, 这不需要更多的智力. 根本的智力飞跃就是看出求面积问题是求切线问题的逆, 之后一切都变得简单了. 因此选择面积问题作为出发点来阐述这个绝技, 避免过多的应用分散读者的注意力. 理解了面积问题, 很容易就转换到其他问题上去.

　　作为读者, 我希望作者告诉我要做什么, 是什么问题导致了理论. 问题清楚了之后, 我就可以自己思考如何解决这样的问题. 我也希望引入一些概念以及引入新方法或者新理论时能给出一个非平凡的简单例子, 把这个例子仔细地分析, 然后再引出理论. 其实, 只要例子弄透彻了, 就可以领略理论的全貌了, 甚至可以自己独立地给出这些理论. 我喜欢从例子中学习一个理论, 我有这样的信念: 一般性的理论蕴涵在特殊的例子之中. 因此作为教师, 在讲课的时候我的主要目标就是通过简单而非平凡的例子来建立起学生对一般理论的理解. 本书也是按照这个想法写的. 在这样短的篇幅内, 我讲了微积分最本质的内容, 按照我个人的风格进行了处理, 加入了自己的理解. 例如, 对外微分几何意义的解释. 对积分的内容我做了精心的处理, 从计算面积和体积的各种角度去讨论积分的各种方法, 特别强调不同的分割方法对应着不同的坐标选择. 我大学毕业的时候因为对一个几何概率问题着迷, 进而学习了积分几何, 一直到现在我依然喜欢这个领域, 因此本书把积分几何作为一讲阐述其最基本的问题和方法,以及对等周不等式的应用.接下来本书讨论若干重要的不等式,并由此详细讲解了测度集中现象.我对这个现象与统计物理之间的关系很着迷,思考了很长时间,也学习了很长时间.希望读者能从本书中发现值得读下去的东西.

第十讲给出了关于什么样的初等函数的原函数还是初等函数的 Liouville 理论的一种处理.这一讲可以独立阅读.对于这个理论,传统的教科书上是没有的.通过研读 Rosenlicht 的一篇论文,我做了仔细的补充,对这个理论做了详细的讲解,使得大学生水平的读者也可以接受.这是本书的另一个价值.清晰地记得我在读本科的时候(1986 年上大学)就想知道为什么 e^{x^2} 的原函数不能表示成初等函数,教材上只是提了一句,没有任何其他进一步的提示.为了寻找答案,我几乎将图书馆里所有的数学分析书都看遍了,还是一无所获.1996 年,我去南京大学数学系读研究生,在数学系图书馆三楼的房间里,我爬到落满了灰尘的书架上,找到了 1832—1833 年 Liouville 的原始论文,那一刻激动不已.捧着发黄的杂志,小心不让已经脆化的封面掉下来,我坐在地板上一页一页翻看,有恍如隔世的沧桑、神秘感,尽管那时候对法文还一窍不通,但还是复印了这两篇 70 多页的论文(现在依旧在我的桌上放着).然后我开始去学习法语,现在已经能轻松地阅读法文数学书了,但是理解 Liouville 的文章依然并不那么容易.

感谢听过我课程的学生和老师,他们的迷惘是我思考的动力,因此许多想法是在讲课的过程中忽然明白的,如外微分的几何意义.这个讲义的内容体现了我当下的思考水平,显然是不很成熟的.在写作上断断续续地持续了八年,因此风格上会有些不一致.疏漏和不足尽量避免,但也还是会有的.一经发现,都将得到改正.我喜欢上课,无论研究生还是本科生的课,都会讲一些自己感兴趣的主题,因此也强迫自己去进行思考,这才促成了这个讲义的完成.特别感谢杨化通,我们就许多基本的数学问题和物理问题做过很多的讨论,我从他那里学到了物理学家的一些思考方法,他给了我不断的动力.感谢我的研究生开玥和我的同事辛华,他们仔细查阅了这份讲义,指出了多处的打印错误.其他不足还是在所难免,如果读者发现了任何错误,恳请及时告知,我将不胜感激,我的邮箱是 chengshiliu—68@126.com.

本书有三个目的,一是为没有学过微积分的读者提供一个最简洁的入门教程(第一讲~第五讲就够了),也为学过微积分的学生梳理一下微积分的最本质的内容.二是为数学教师提供一种可能的讲授微积分的方式以及对微积分中若干主题的新的处理(这些是札记性质的).三是提供一些新的出发点去追踪某些现代数学研究的前沿.希望读者和同行提出宝贵的意见,使我在将来修订这个讲义的时候能让它更完美一些.

本书的出版得到了黑龙江省自然科学基金(No. A201308)和黑龙江省教育厅自然科学基金(No. 12541083)的部分资助,特此致谢.

刘成仕
2015 年 3 月

目 录

前言

第一讲 如何求切线、面积和体积 ……………………………………… 1
    1 面积的定义 ……………………………………………………… 1
    2 三角形的面积 …………………………………………………… 1
    3 圆的面积——一个难题 ………………………………………… 1
    4 一个思考的问题：抛物线 $y=x^2$ 下的面积 …………………… 2
    5 求切线——Fermat 模式 ………………………………………… 2
    6 再回到求抛物线 $y=x^2$ 下的面积——Newton 模式 ………… 5
    7 球体的体积 ……………………………………………………… 6
    8 一个挑战：求球体的表面积 …………………………………… 6
    9 用两次 Newton 模式：更复杂体的体积——二重积分 ……… 7

第二讲 更复杂函数求切线和积分 ……………………………………… 9
    1 第一个重要极限和三角函数的导数 …………………………… 9
    2 第二个重要极限和对数函数的导数 …………………………… 9
    3 指数函数的导数——反函数的求导法则 …………………… 11
    4 更复杂函数的斜率的求法 …………………………………… 11
    5 更复杂函数对应的面积——求积分的基本方法 …………… 12
    6 曲线的弧长 …………………………………………………… 12
    7 求球体的表面积的另一个方法 ……………………………… 13

第三讲 无穷阶多项式——幂级数 …………………………………… 14
    1 Newton 二项式定理 …………………………………………… 14
    2 Newton 计算 π 的近似值 ……………………………………… 14
    3 无穷阶的多项式——幂级数 ………………………………… 15
    4 幂级数的另一个应用——Euler 的神奇求和公式 ………… 16

  5 在一般点处的 Taylor 展开的微妙之处 ………………………… 17
第四讲 多元函数极值问题、偏导数、曲线积分和外微分 ……………… 18
  1 极值问题和偏导数 ………………………………………………… 18
  2 导数和偏导数的更多问题 ………………………………………… 18
  3 Newton 模式:沿着曲线做功——曲线积分 …………………… 20
  4 关于二重积分的定义——面积是有方向的——外积的引入 … 21
  5 外微分形式和外微分,外微分的几何意义,Stokes 公式 …… 23
  6 通过复数求积分——复数的引入和复变函数 ………………… 25
第五讲 计算面积的若干新方法 ……………………………………………… 29
  1 二重积分的一个有趣方法 ………………………………………… 29
  2 有理数的长度 ……………………………………………………… 30
  3 区间分割、数的进位表示与一些有趣的集合 ………………… 31
  4 积分的又一种计算方法——Lebesgue 积分的计算与测度论的起源
    及其与概率论的联系 ……………………………………………… 31
  5 另一种分割 y 轴计算面积法——函数的层饼表示 …………… 33
第六讲 积分几何和等周不等式 …………………………………………… 35
  1 一个几何概率问题 ………………………………………………… 35
  2 平面上刚体的不变测度 …………………………………………… 37
  3 凸集的支撑函数和几何概率问题的解 ………………………… 38
  4 另一个几何概率问题和 Poincaré 运动公式 …………………… 40
  5 Bonnesen 型等周不等式 ………………………………………… 43
第七讲 等周不等式和测度集中 …………………………………………… 46
  1 Brunn-Minkowski 不等式和 Prekopa-Leindler 不等式 ……… 46
  2 等周不等式和索伯列夫不等式 ………………………………… 48
  3 球面上的等周不等式与测度集中 ……………………………… 51
  4 Levy 引理的另一种形式及其直接证明 ………………………… 55
第八讲 无穷维函数的求导和积分 ………………………………………… 61
  1 无穷维函数的构造 ………………………………………………… 61

    2 无穷维极值问题——变分法 …………………………………… 62

    3 无穷维函数的积分与测度集中 ………………………………… 63

第九讲 振动问题与微分方程 ………………………………………… 66

    1 弹簧的振动——由方程本身建立正弦函数和余弦函数的性质 …… 66

    2 弦的振动——Fourier 级数——无穷多守恒量 ………………… 68

    3 利用在平面上任意直线上的积分值来重构二元函数——一种简单情形
      …………………………………………………………………… 72

第十讲 Liouville 理论——为什么 e^{x^2} 的原函数不能表示成初等函数 …… 74

    1 初等函数的构造 ………………………………………………… 74

    2 初等函数的导数 ………………………………………………… 75

    3 添加对数函数与指数函数后,关于复合多项式的导数的一个结果 …… 75

    4 Liouville 定理及其证明 ………………………………………… 76

    5 Liouville 定理的应用——某些初等函数的原函数不能表示成初等

      函数的例子和证明 ……………………………………………… 80

第十一讲 若干杂题 …………………………………………………… 83

    1 闭曲线所围面积公式与 Green 公式的另一个推导 …………… 83

    2 Euler 交错和的表示和计算问题 ……………………………… 85

    3 Brouwer 的不动点定理和 Poincaré 不动点定理 ……………… 91

    4 Rolle 定理及其高维和无穷维推广的问题 …………………… 92

    5 圆周上的函数 …………………………………………………… 94

    6 对严格化理论的需要——极限语言的可操作性定义 ………… 95

    7 关于分数阶微积分的闲话 ……………………………………… 97

参考文献 ………………………………………………………………… 99

后记 ……………………………………………………………………… 101

第一讲　如何求切线、面积和体积

1　面积的定义

对于一个矩形,其长和宽分别为 a 和 b,则它的面积定义为
$$S=ab.$$
为什么这样定义矩形的面积?定义为 $S=a+b$ 可以吗?或者其他形式可以吗?

在古代进行土地的分割或者交换时要比较大小,要计算产量以及税收.因此最关键的是:如果把一块平面区域分割后,其各个部分的面积之和应该等于整个面积.例如,把上述矩形分成四块,可以看到正是乘法满足的分配律使得四块小面积的和为整个矩形的面积,即
$$S=(a_1+a_2)(b_1+b_2)=a_1b_1+a_1b_2+a_2b_1+a_2b_2.$$
当然,像测量长度是要一段一段去量一样,面积要一块一块去测量,因此我们必须先规定一个"块"的单位,如一个边长是 1 个单位(如 1 厘米)的正方形,它的面积是一个单位(1 平方厘米),然后用这个单位去一块一块地覆盖成一个矩形,那么这个矩形会被 ab 个单位覆盖,也就是说这个矩形的面积是 ab 个单位面积.

2　三角形的面积

有了矩形面积的定义之后,我们下一个要寻求的自然是三角形的面积了.设 $\triangle ABC$ 的底边长为 $BC=a$,高为 $AD=h$.取 AD 的中点 E,过 E 作平行于 BC 的线段与 BC 构成一个矩形的对边,因此这个矩形的面积为
$$S=\frac{1}{2}ah.$$
而由三角形的全等可知这也是 $\triangle ABC$ 的面积.

有了三角形的面积,那么通过分成若干个三角形,就可以求出多边形的面积.而下一个困难的问题是求曲边图形的面积.最简单的曲边图形就是圆,它在各处弯曲的程度是一样的.那么如何求圆的面积?你仔细想想这真的很难.

3　圆的面积——一个难题

我们都已经记住了一个半径为 r 的圆的面积为

$$S = \pi r^2.$$

可是有谁能给出这个公式的证明呢？我相信绝大多数人不能作出这样的证明. 这一公式是数学史上的重大进展，一个了不起的成就，是由伟大的古希腊数学家 Archimedes(阿基米德)给出的. 在 Archimedes 之前，也就是公元前 330 年左右，Euclid(欧几里得)在其《几何原本》中证明了如下两个命题.

命题 1 圆的周长和直径之比为常数. 我们设此常数为 π_1，则写成 $l = 2r\pi_1$.

命题 2 圆的面积和半径平方之比为常数. 我们设此常数为 π_2，则写成

$$S = \pi_2 r^2.$$

可是当时人们并不知道这两个常数的关系. 这也远非平凡的问题，聪明的 Euclid 也不能再进一步了.

问题 1 给出以上两个命题的证明，并证明 $\pi_1 = \pi_2$. 读者自己试试看.

到了公元前 225 年左右，Archimedes 在其著作《圆的测定》中一举攻克了这一难题，他证明了下面的命题：

命题 3 圆的面积等于其周长和半径乘积的一半，写成公式的形式为

$$S = \frac{1}{2} r l.$$

由以上三个命题易见 $\pi_1 = \pi_2$ 成立. 将这一共同的常数记为 π，这就是我们今天一直在用的圆周率.

Archimedes 证明命题 3 的方法是双重归谬法：若 $A > B$ 引出矛盾，$A < B$ 也引出矛盾，则有 $A = B$. 同时利用了下面的两个结果.

结果 1 正多边形的面积等于边心距和周长乘积的一半.

结果 2 可以作圆内接正多边形使其面积与圆面积之差任意小. 同样的结论对圆外切正多边形也成立.

问题 2 你可以试着证明上述两个结果，并证明命题 3.

注 1 Archimedes 利用相似的方法求出了球体的体积和表面积.

4 一个思考的问题：抛物线 $y = x^2$ 下的面积

与圆的面积问题相比，抛物线 $y = x^2$ 与其坐标轴围成的面积更难求. 因为抛物线各点处弯曲都不一样. 用化成矩形的方法也行不通，用分成一块一块的方法逼近也极其复杂，难以奏效. 你可以体会一下这个问题的难度. 我们先换个话题，考虑如何确定曲线的切线.

5 求切线——Fermat 模式

中学时，除直线本身以外，我们只会求圆的切线，其切线与半径垂直. 对于一般的

图形,如抛物线,怎样求其任一点处的切线?试一试就知道这不太容易.17 世纪的法国数学家 Fermat 发明了一种求切线的技术,解决了这个问题.他的想法是先求过 PQ 两点的割线,然后让 Q 点与 P 点重合,就得到了 P 点的切线.为此,只需先求割线斜率,再求切线斜率.下面通过求抛物线 $y=x^2$ 的切线斜率来说明该方法.

设 P 和 Q 的坐标分别为 (x,x^2) 和 $(x+\Delta x,(x+\Delta x)^2)$,那么割线 PQ 的斜率为
$$\frac{(x+\Delta x)^2-x^2}{\Delta x}=2x+\Delta x, \tag{1}$$
在式(1)中,令 Δx 为零,则 P 与 Q 重合,即割线变成了切线,相应地得到切线的斜率为
$$k=2x, \tag{2}$$
这真是个绝技!太巧妙了!我们把这个绝技称为 Fermat 模式.利用 Fermat 模式同样可以得到 $y=x^n$ 在点 (x,y) 的斜率为
$$k=nx^{n-1},$$
这里 n 为任何有理数均可.

问题 3 通过计算验证上述结论.

注 2 当然我们容易看出 $y=\frac{1}{3}x^3$ 的斜率是 $k=x^2$.

注 3 Fermat 模式的实质:我们分析一下求斜率的方法的本质.假设 $f(x)$ 的切线斜率是 k,那么有
$$k\approx\frac{f(x+\Delta x)-f(x)}{\Delta x}, \tag{3}$$
也就是说
$$f(x+\Delta x)-f(x)\approx k\Delta x, \tag{4}$$
当 Δx 变成零时式(3)成为等式.此时我们把这个最后得到的 k 称为 f 的导数,记成 $f'(x)$.

那么 Fermat 是如何想到他的微分法的呢?是灵光乍现吗?是需要思维的飞越吗?还是只需要基本的思考就可以得到?以前讲课和看书的时候没有认真想过这个问题,看数学史的书籍的时候也没看到这方面的记载,就忽略了.2013 年 12 月的一天的下午,我走在去办公室的路上忽然想起这个问题,迅速在大脑里进行了推理和计算.我先是想对抛物线计算切线,是直接计算,而不用 Fermat 模式的方法.我发现这很容易做到,只需要利用切线与抛物线的交点是联立方程的重根就可以了.假设过点 (x_0,y_0) 的切线斜率是 k,则切线方程是
$$y-y_0=k(x-x_0),$$
与抛物线 $y=x^2$ 联立求解,有 $x^2-y_0=k(x-x_0)$.再利用 $y_0=x_0^2$,有 $x^2-x_0^2=k(x-x_0)$,因式分解为 $(x-x_0)(x+x_0-k)=0$,这里 k 是固定的,因此,一般来说,有两个根 $x_1=x_0,x_2=k-x_0$.而相切的情形是重根,因此对于这个问题这里就只有一个

根了，即 $x_1=x_2$，从而 $x_0=k-x_0$，得到 $k=2x_0$. 这意味着也可以直接消去 $x-x_0$，得到方程 $x=k-x_0$，即 $k=x+x_0$. 因为 $x=x_0$ 是联立方程的重根，所以有 $k=2x_0$.

这个方法的实质就是将 (x_0,y_0) 处的切线方程与曲线方程 $y=f(x)$ 联立求解，利用 (x_0,y_0) 是解得到斜率 k 的值. 具体就是在 $y-y_0=k(x-x_0)$ 中代入 $y=f(x)$，得到
$$f(x)-f(x_0)=k(x-x_0).$$
根据切线的几何意义，上述方程的根 $x=x_0$ 是重根，因此通过因式分解得到
$$(x-x_0)\left(k-\frac{f(x)-f(x_0)}{x-x_0}\right)=0,$$
这里 k 是固定的，作为 x 的方程 $k-\dfrac{f(x)-f(x_0)}{x-x_0}=0$ 的根也是 $x=x_0$，否则联立方程就有两组解，即两个交点，这与重根相矛盾. 若 $x-x_0$ 能整除 $f(x)-f(x_0)$，记整除后的函数为 $k(x)=\dfrac{f(x)-f(x_0)}{x-x_0}$. 这就从方程 $k-\dfrac{f(x)-f(x_0)}{x-x_0}=0$ 的根是 $x=x_0$ 推出 $k=k(x_0)$. 因此最关键的一步是消去 $x-x_0$，再令 $x=x_0$ 就得到 k 的值，即
$$k=\left.\frac{f(x)-f(x_0)}{x-x_0}\right|_{x=x_0}.$$
对于 $f(x)=x^n$，n 是正数甚至是有理数的情形，$x-x_0$ 可以直接消去，在最后的式子中再令 $x=x_0$ 就得到 k 的值.

这个方法的出发点是把 k 看成固定的. 然后利用切点处解的重根得到 k 的值. 与此等价的另一个出发点是把 k 看成变化的. 在前面的推导过程中，我们得到一个函数
$$k(x)=\frac{f(x)-f(x_0)}{x-x_0},$$
由唯一解 $x=x_0$ 推出 $k=k(x_0)$. $k(x)$ 正好是割线的斜率. 这就是 Fermat 模式！Fermat 给出了 $k=\left.\dfrac{f(x)-f(x_0)}{x-x_0}\right|_{x=x_0}$ 在几何上的意义是割线的斜率的极限就是切线的斜率. 由此可见这一切都是极其自然的，不是灵光乍现，是从最基本的想法出发必然会得到的. 对于像三角函数这样的曲线，$x-x_0$ 不能直接消去，因此不能直接令 $x=x_0$. 为了处理这种不能直接消去 $x-x_0$ 的情形，为了求得 $k=\left.\dfrac{f(x)-f(x_0)}{x-x_0}\right|_{x=x_0}$ 的值，需要一些技巧，在后面的章节里对具体问题逐一介绍，其本质是逼近的方法.

这里必须强调的是，求切线斜率的本质在于联立方程在切点处是重根的性质，在概念的本质上这是一个代数问题，即普通超越函数的因子分解. 而割线方法从概念上不是本质的，是作为一种求解的技巧出现的. 但是这样一种技巧有着无可比拟的优越性，在 Newton 和 Leibniz 的手上发展成了强有力的无穷小分析方法.

注 4 在求解方程 $k=\left.\dfrac{f(x)-f(x_0)}{x-x_0}\right|_{x=x_0}$ 时，如果不能得到唯一的 k 值，就说明

在此时不存在切线. 例如, 考虑 $f(x)=|x|$ 在零点的切线斜率, 则 $k=\dfrac{|x|}{x}\Big|_{x=0}=\pm 1$. 这是由于这个函数可以看成是两个不同的函数在零点拼接起来的, 在零点各有自己的切线.

注 5 联立方程解有时候没有唯一性, 在切点附近就只有切点这一个解. 但是在远离切点的地方可能有另一个解. 例如, 对于三次曲线 $y=x^3$, 有

$$(x-x_0)\left(k-\dfrac{x^3-x_0^3}{x-x_0}\right)=(x-x_0)(k-(x^2+xx_0+x_0^2))=0.$$

从而利用 $x=x_0$ 是方程 $k-(x^2+xx_0+x_0^2)=0$ 的解得到 $k=3x_0^2$. 这时方程

$$k-(x^2+xx_0+x_0^2)=0$$

就变成了 $x^2+xx_0-2x_0^2=0$, 它有另一个解 $x=-2x_0$. 这说明 $x=x_0$ 处的切线与三次曲线交于另外的点. 这似乎意味着 $x=x_0$ 至少是联立方程的二重根(除了曲线是直线的特殊情形). 相切只是一个局部的性质, 因此不必考虑是否在远处有其他解的存在性, 我们依然有

$$k=\dfrac{f(x)-f(x_0)}{x-x_0}\Big|_{x=x_0}.$$

6 再回到求抛物线 $y=x^2$ 下的面积——Newton 模式

Newton(牛顿, 1642~1722)找到了求面积的巧妙方法. Newton 假设从 0 到 x 这段抛物线下的面积为 $S(x)$, 那么当 Δx 很小的时候, 面积之差满足

$$x^2\Delta x<S(x+\Delta x)-S(x)<(x+\Delta x)^2\Delta x,$$

进一步写成

$$x^2<\dfrac{S(x+\Delta x)-S(x)}{\Delta x}<(x+\Delta x)^2.$$

这里唯一需要的是逻辑的命题: 如果 $A<B$ 并且 $A>B$, 那么 $A=B$. 当取 $\Delta x=0$ 时, 就有 $S'(x)=x^2$, 即 x^2 是 $S(x)$ 的切线斜率. 因此需要知道的是: $S(x)$ 是什么函数时, 它的切线斜率是 x^2? 太好了! 我们发现(看前面的注 2)

$$S(x)=\dfrac{1}{3}x^3.$$

一切都解决了, 面积竟然精确地求出来了, 多么漂亮的解法啊! 你能发现这里的秘密吗? 其关键是发现了什么?

Newton 发现: 求面积是求切线斜率的逆! 就是说, 若想求 $f(x)$ 下面的面积, 只需求其切线斜率是 $f(x)$ 的函数, 这个函数 $S(x)$ 称为 $f(x)$ 的原函数. 对于区间 $[a,b]$ 之间的函数图像面积就是 $S(b)-S(a)$. 其模式是: 已知 $f(x)$, 由 $S'(x)=f(x)$, 反求 $S(x)$.

这就是 Newton 模式! 由此一个数学的新时代来临了, 微积分从此发展起来, 成

为数学的最重要的领域,并为其他科学领域提供了最有力的数学工具. 有了 Fermat 模式和 Newton 模式之后,剩下的基本上就是简单的体力劳动了!

问题 4 求 $y=\sin x$ 和 $y=\cos x$ 的切线斜率,并试求它们下面的面积.

注 6 为了下面的需要,我们指出,如果想求两个函数的和的切线斜率,则只需分别求出再相加. 如果想求两个函数和的下面的面积,只需分别求出原函数再相加.

我们的方法是精确的. 其逻辑基础为:如果 $A<B$,并且 $A>B$,那么 $A=B$. 下面求面积和体积的所有问题都可以用两边不等式的方法严格处理.

思考题:一个函数的原函数有多少个? 在利用 Newton 模式求面积时怎样选择原函数?

7 球体的体积

Archimedes 用了许多年得到的球体的体积和表面积公式,利用 Newton 的方法变得极其容易. Newton 一边喝茶一边在纸上随便写几行,就解决了 Archimedes 很辛苦建立起来的球体积问题. 大约 10 分钟,半页纸而已. 为此建立一个坐标系,以球心为原点,xOy 面过赤道,z 轴过北极,球的半径设为 r. 只需求半球的体积. 设 $V(h)$ 为 xOy 面和平面 $z=h$ 之间所在的球的体积,则

$$\pi(r^2-(h+\Delta h)^2)\Delta h < V(h+\Delta h)-V(h) < \pi(r^2-h^2)\Delta h,$$

即 $V'(h)=\pi r^2-\pi h^2$. 从而 $V(h)$ 由两部分组成,一部分是 $\pi r^2 h$,它的切线斜率是 πr^2;另一部分是 $\frac{1}{3}\pi h^3$. 所以有

$$V(h) = \pi r^2 h - \frac{1}{3}\pi h^3,$$

因此半球的体积是

$$V(r) = \frac{2}{3}\pi r^3,$$

于是整个球的体积为

$$V = \frac{4}{3}\pi r^3.$$

问题 5 求锥体的体积.

8 一个挑战:求球体的表面积

2009 年 5 月 21 日的晚上,我想出了一个求球体表面积的方法(注:2010 年 5 月 23 日发现 Garding 的书《数学概观》上也是这样做的). 假设半径为 r 的球体的表面积为 $S(r)$,那么球体的体积 $V(r)$ 满足

$$\mathrm{d}V(r) = V(r+\mathrm{d}r) - V(r) = S(r)\mathrm{d}r,$$

即 $V'(r)=S(r)$. 由球体的体积公式马上求出 $S(r)=4\pi r^2$. 也就是说球体积对半径的导数就是表面积. 同样的方法可以看到圆面积对半径的导数是周长, 这也就一举证明了 $\pi_1=\pi_2$. 这个办法如此巧妙, 可以发展成一套系统的理论.

注 7 关于记号这里要交代一下. 有一种求面积的方式就是把区间 $\pi_1=\pi[a,b]$ 分成小段, 每小段上, 函数 $f(x)$ 在小段上的图像下面的面积是 $f(x)\mathrm{d}x$, 这里 $\mathrm{d}x$ 表示小段的长度. 把所有这些小面积加起来就是所要求的面积. 把求和的英文单词 Sum 的首字母 S 拉长, 求和的范围是从 a 到 b, 写成 $\int_a^b f(x)\mathrm{d}x$. 这就是积分号, 所谓的积分就是分成小段累积的意思. Newton 模式是找到 $f(x)$ 的原函数 $S(x)$, 则函数 $f(x)$ 在区间上的图像下的面积 $\int_a^b f(x)\mathrm{d}x$ 就满足

$$\int_a^b f(x)\mathrm{d}x = S(b) - S(a).$$

这就是微积分基本定理, 也称为 Newton-Leibnitz 公式. 这是整个数学里最优美、最强大的公式.

9 用两次 Newton 模式:更复杂体的体积——二重积分

当我们求更复杂立体的体积时候, 依然利用 Newton 模式方法. 例如, 考虑地基是一个长方形 $D=[a,b]\times[c,d]$, 顶部由 $z=f(x,y)$ 给出的房子的体积. 我们的做法是: 假设在 x 轴上随便取定一点 x, 在此处垂直 x 轴立一面墙, 那么这面墙的面积 $S(x)$ 可以通过前面的微元法求出来. 也就是说, 如果设 a 处的墙与 x 处的墙所夹着的空间的体积为 $V(x)$, 那么 $V(x+\Delta x)-V(x)\simeq S(x)\Delta x$, 即 $V(x)$ 的导数就是 $S(x)$, 也就是说, 体积的导数是面积, 求出这个原函数就可以了, 从而问题变为求面积 $S(x)$. 而这个问题极容易解决, 再用一次微元法就可以了. 这就是二重积分的累次积分法. 因此计算这个体积至少有三种方式: 第一是把 D 分成一些格子, 每个格子的面积是 $\mathrm{d}x\mathrm{d}y$, 那么这个小格子对应的空间体积是 $f(x,y)\mathrm{d}x\mathrm{d}y$, 所有的这些小格子加起来就是 $\iint_D f(x,y)\mathrm{d}x\mathrm{d}y$, 也就是写成二重积分形式. 另外我们可以先计算 $S(x)$, 即 $S(x)=\int_c^d f(x,y)\mathrm{d}y$, 则 $V=\int_a^b S(x)\mathrm{d}x=\int_a^b \left[\int_c^d f(x,y)\mathrm{d}y\right]\mathrm{d}x$, 这就是累次积分. 还可以先计算 $S(y)$.

当地基不是矩形的时候, 问题要稍为复杂一些, 但是还可以用微元法解决. 例如, 地基是 $D=[a,b]\times[\varphi_1(x),\varphi_2(x)]$, 也就是说地基有两个对边是弯曲的. 此时唯一变化的是 $S(x)$, 于是 $S(x)=\int_{\varphi_1(x)}^{\varphi_2(x)} f(x,y)\mathrm{d}y$.

例 设房子的地基为 $D=[0,1]\times[2,4]$, 房顶曲面为 $z=x^2y^3$, 求房子的空间

体积.

解 首先计算垂直于 x 轴的墙面积为 $S(x) = \int_0^1 x^2 y^3 \,\mathrm{d}y = x^2 \dfrac{y^4}{4}\Big|_0^1 = \dfrac{x^2}{4}$. 然后根据体积函数 $V(x)$ 的导数就是面积 $S(x)$, 求出 $V(x) = \dfrac{x^3}{12}$. 因此所求体积为 $V = V(1) - V(0) = \dfrac{1}{12}$.

当地基是圆形的时候, 比如, $D: x^2 + y^2 \leqslant R^2$, 此时整个空间的体积可以通过下面方法求得. 设 $V(r)$ 是半径为 r 的地基对应的空间部分的体积, $S(r)$ 是半径为 r 的一圈所围的墙的面积, 则有 $V(r+\mathrm{d}r) - V(r) = S(r)\mathrm{d}r$, 即 $V'(r) = S(r)$. 而 $S(r) = \int f \mathrm{d}l = \int_0^{2\pi} fr \mathrm{d}\theta$, 从而有 $V = \int_0^R r \mathrm{d}r \int_0^{2\pi} f \mathrm{d}\theta = \int_0^{2\pi} \int_0^R f(r\cos\theta, r\sin\theta) r \mathrm{d}r \mathrm{d}\theta$, 这就是所谓的极坐标变换. 我们看到 $\mathrm{d}x\mathrm{d}y$ 换成了 $r\mathrm{d}r\mathrm{d}\theta$.

从以上的方法可以看到, 对定义域的不同划分就对应着不同的坐标变换.

问题 6 自己设计几道习题来练习这些规则.

问题 7 三重积分的理论怎么做? 你能想出什么时候需要三重积分吗? 提示一下: 由不均匀材料构成的物体, 如果我们知道各点的密度, 那么它的质量怎么求?

第二讲 更复杂函数求切线和积分

1 第一个重要极限和三角函数的导数

根据 Fermat 模式,可以对于一个一般的函数求切线的斜率.而对于多项式求导最简单,因为分母能被约掉.对于其他的函数就没有那么幸运了,如三角函数.以 $\sin x$ 为例来说明.由定义知道

$$(\sin x)' \simeq \frac{\sin(x+\Delta x)-\sin x}{\Delta x} = \cos\left(x+\frac{\Delta x}{2}\right)\frac{\sin\left(\frac{\Delta x}{2}\right)}{\frac{\Delta x}{2}}, \quad (1)$$

当 Δx 趋于零时,$\cos\left(x+\frac{\Delta x}{2}\right)$ 就是 $\cos x$.因此我们需要知道的是 $\frac{\sin\left(\frac{\Delta x}{2}\right)}{\frac{\Delta x}{2}}$ 是多少.

这等价于当 y 趋于 0 时 $\frac{y}{\sin y}$ 的极限是多少的问题.为此,我们考虑一个位于第一象限的单位圆部分,从原点 O 作射线交圆于 A,又设 x 正半轴与圆的交点为 B,从 A 作垂线交 OB 于 C,过 B 作垂直于 OB 的直线交 OA 的延长线于 D.设小圆心角 $\angle AOB$ 的度数为 y,比较两个 $\mathrm{Rt}\triangle AOB$ 和 $\mathrm{Rt}\triangle DOB$ 以及小扇形 AOB 的面积,我们有

$$\frac{1}{2}\sin y < \frac{1}{2}y < \frac{1}{2}\tan y,$$

即

$$1 < \frac{y}{\sin y} < \frac{1}{\cos y}.$$

当 y 趋于 0 时,$\cos y$ 趋于 1.因此,当 y 趋于 0 时 $\frac{y}{\sin y}$ 的极限是 1.这样就从式(1)得到了 $\sin x$ 的斜率(导数)是 $\cos x$,即 $\sin' x = \cos x$.

同样的方法可以得到 $\cos' x = -\sin x$.

2 第二个重要极限和对数函数的导数

为了求对数函数 $\ln x$ 的斜率(导数),由定义,需要计算极限

$$\frac{[\ln(x+\Delta x)-\ln x]}{\Delta x} = \frac{1}{x}\ln\left[1+\frac{\Delta x}{x}\right]^{\frac{x}{\Delta x}}, \quad \Delta x \to 0.$$

这引导我们考虑极限

$$\lim_{n\to+\infty}\left(1+\frac{1}{n}\right)^n.$$

为此需要承认一个原理:当一个数列逐项增加或者逐项减少,并且不能超过一个特定的数时,那么这个数列一定有一个极限.例如,$\frac{1}{n}$,它是逐项减少的,并且不会小于 0,所以当 n 趋于无穷大时,它有一个极限,我们知道是 0. 对于上面的这个数列来说,它是逐项增加的,并且不超过 3,从而我们知道它有一个极限.我们无法精确计算这个极限的值,把它用一个字母 e 表示,它近似地等于 2.71828,当然它还是一个无理数,可是这里我们不去证明这个了不起的结论.由二项式定理有

$$a_n = \left(1+\frac{1}{n}\right)^n = 1 + n\frac{1}{n} + \frac{n(n-1)}{2}\frac{1}{n^2} + \cdots$$
$$= 1 + 1 + \frac{1}{2!}\left(1-\frac{1}{n}\right) + \frac{1}{3!}\left(1-\frac{1}{n}\right)\left(1-\frac{2}{n}\right) + \cdots,$$

由此可以知道

$$a_{n+1} > a_n, \quad a_n < 1 + 1 + \frac{1}{2!} + \frac{1}{3!} + \cdots + \frac{1}{n!} < 1 + 1 + \frac{1}{2} + \frac{1}{2^2} + \cdots + \frac{1}{2^{n-1}} < 3.$$

这说明上述极限存在,写成

$$\lim_{n\to+\infty}\left(1+\frac{1}{n}\right)^n = e.$$

以 e 为底的对数称为自然对数,记为 $\ln x$,它的反函数为 e^x. 也就是说,若 $y = \ln x$,则 $x = e^y$. 有了这个极限,就求出了 $\ln x$ 的导数为

$$(\ln x)' = \frac{1}{x}.$$

问题 1 为什么会有自然对数的引入? Euler 的《无穷分析引论》对此有透彻的讲解.下面详细讲解 Euler 的精彩论述.计算诸如 $3.6^{8.15}$ 这样复杂的函数值是很困难的. Euler 的想法是,对于一般的函数 a^x 的计算,转化成 $a^x = (a^{\frac{x}{n}})^n$,当 n 很大时,$\frac{x}{n}$ 很小,可以让它趋于零,而 $a^0 = 1$,所以 $a^{\frac{x}{n}} = 1 + k\frac{x}{n}$,其中 k 是未知的. 因此有

$$a^x = (a^{\frac{x}{n}})^n = \left(1+\frac{kx}{n}\right)^n = 1 + \binom{n}{1}\frac{kx}{n} + \binom{n}{2}\left(\frac{kx}{n}\right)^2 + \cdots + \binom{n}{n}\left(\frac{kx}{n}\right)^n.$$

根据

$$\binom{n}{m} = \frac{n(n-1)\cdots(n-m+1)}{m!},$$

知

$$\binom{n}{m}\left(\frac{kx}{n}\right)^m = \frac{n(n-1)\cdots(n-m+1)}{n^n}\frac{(kx)^m}{m!}.$$

当 m 固定时,有

$$\lim_{n\to+\infty}\frac{n(n-1)\cdots(n-m+1)}{n^n}=1.$$

因此

$$a^x=\lim_{n\to+\infty}\left(1+\frac{kx}{n}\right)^n=1+kx+\frac{(kx)^2}{2!}+\cdots+\frac{(kx)^m}{m!}+\cdots.$$

取 $x=1$,有

$$a=1+k+\frac{k^2}{2!}+\cdots+\frac{k^m}{m!}+\cdots,$$

这是 a 和 k 之间的关系. 取 $k=1$,记这样得到的 a 值为 e,就有

$$e=1+1+\frac{1}{2!}+\cdots+\frac{1}{m!}+\cdots,$$

相应地,有

$$e^x=1+x+\frac{x^2}{2!}+\cdots+\frac{x^m}{m!}+\cdots.$$

3 指数函数的导数——反函数的求导法则

有了对数函数的导数,那么指数函数 $y=e^x$ 的导数是什么?利用定义以及 $x=\ln y$ 的导数去求,有

$$\frac{\Delta y}{\Delta x}=\frac{1}{\frac{\Delta x}{\Delta y}}\to\frac{1}{\frac{1}{y}}=y=e^x,$$

即 $(e^x)'=e^x$.

从上例也可以看出反函数的求导方法. 至此已经求出了所有的基本初等函数的导数了.

问题 2 求反三角函数的导数.

4 更复杂函数的斜率的求法

有了基本初等函数的导数,更复杂初等函数的导数如何求?例如,$\sin x+x$,$\sin x-\cos x$,$x^2\sin x$,$\frac{x}{\sin x}$,$\sin e^x$ 等这些函数,当然可以利用定义去做. 然而考察这些函数的构成方式使得我们可以发现最基本的求导规则. 由初等函数构成复杂函数无非以下几个方式的组合:加、减、乘、除及其复合. 那么只要把通过这几种运算得到的函数求导规则弄清楚了,就可以解决所有求导问题了. 由定义非常容易得到

规则 1 $(f(x)\pm g(x))'=f'(x)\pm g'(x).$

规则 2　$(f(x)(g(x))' = f'(x)g(x) + f(x)g'(x).$

规则 3　$\left(\dfrac{1}{f(x)}\right)' = -\dfrac{f'(x)}{f^2(x)}.$

规则 4　$(f(g(x)))' = f'(g)g'(x).$

问题 3　推导规则 1～规则 4，并求解前面的四个例子.

5　更复杂函数对应的面积——求积分的基本方法

Newton 模式是 Fermat 模式的逆，即积分是求导的逆，也就是说，知道了导数反着求原来的函数，即原函数，那么导数的求解是最基本的，从而前面的四个求导规则就对应着求积分的规则. 规则 1 说明两个函数的加或者减，对应的原函数也是分别加减. 我们集中于规则 2 和规则 4. 其中，由规则 2 导出的积分法则称为分部积分法，由规则 4 导出的积分规则称为变量代换方法，这是积分中最重要的两个方法. 我们逐一说明.

由规则 2，求 $f'g$ 的原函数比较困难时，可以先求 fg' 的原函数，如果这个做出了，利用 $(fg)'$ 的原函数就是 fg，那么 $f'g$ 的原函数就等于 fg 减去 fg' 的原函数. 例如，求 $x\cos x$ 的原函数，把它写成

$$x\cos x = x(\sin x)' = (x\sin x)' - x'\sin x = (x\sin x)' - \sin x,$$

可知 $x\cos x$ 的原函数是 $x\sin x + \cos x$. 写成积分符号就是

$$\int x\cos x \,\mathrm{d}x = \int x(\sin x)' \,\mathrm{d}x = \int (x\sin x)' \,\mathrm{d}x - \int \sin x \,\mathrm{d}x = x\sin x + \cos x.$$

由规则 4，为了求 $2x\cos x^2$ 的原函数，把它写成

$$2x\cos x^2 = (x^2)'\sin' x^2 = (\sin x^2)',$$

所以它的原函数就是 $\sin(x^2)$. 如果设 $y = x^2$，那么只需要求出 $\sin y$ 的原函数即可，然后把 y 换成 x^2，写成积分形式就是

$$\int 2x\cos x^2 \,\mathrm{d}x = \int y'\cos y \,\mathrm{d}x = \int \cos y \,\mathrm{d}y = \sin y = \sin(x^2).$$

问题 4　求 xe^x 的原函数.

问题 5　求 $2x\sin x^2$ 的原函数.

6　曲线的弧长

对于一个平面曲线，写出它的参数表示 $x = x(t), y = y(t), a < t < b$. 问题是求这个曲线的弧长. 比如，曲线 $y = x^2$ 在 $[0,1]$ 部分的曲线长度. 我们要知道实际测量它的长度是怎么做的. 就是拿尺子一段一段量，把尺子的一端放在曲线上，另一端也放在曲线上，一点一点往前量. 尺子越短测量越精确，小数点就出现了. 数学上就是在曲线

上标记一些点,然后依次连接相邻的点组成折线,这些折线是直线组成的,每一段直线都可以求出长度,然后相加就可以了. 但无论怎样,测量总是有误差. 而用 Newton 模式可以给出精确的求解. 设 $l(x)$ 是 $[0,x]$ 部分的曲线长度,那么

$$l(x+\Delta x) - l(x) \approx \sqrt{(\Delta x)^2 + (\Delta y)^2} = \sqrt{1 + \left(\frac{\Delta y}{\Delta x}\right)^2} \Delta x,$$

即 $l'(x) = \sqrt{1+[f'(x)]^2}$. 写成积分的形式为

$$l(x) = \int_0^x \sqrt{1+[f'(x)]^2}\, dx,$$

或者

$$l(t) = \int_a^t \sqrt{[x'(t)]^2 + [y'(t)]^2}\, dt.$$

对 $y = f(x) = x^2$ 来说,$l'(x) = \sqrt{1+4x^2}$,从而抛物线的弧长为

$$l(x) = \int_0^x \sqrt{1+4x^2}\, dx.$$

7 求球体的表面积的另一个方法

另一个求球面面积 $S(r)$ 的方法如下:先考虑半个球的情形,把半个球扣在平面上,球心为原点,垂直于平面的轴为 y 轴. 利用 Newton 模式,在 y 轴上取一点 y,过 y 轴作平行于底面的平面,则它与底面所夹的这部分球面的表面积设为 $S_1(y)$. 那么

$$S_1(y+\Delta y) - S_1(y) \approx 2\pi\sqrt{R^2-y^2}\, dl = 2\pi\sqrt{R^2-y^2}\sqrt{\left(\frac{dx}{dy}\right)^2+1}\, dy$$

$$= 2\pi\sqrt{R^2-y^2}\sqrt{\frac{R^2}{R^2-y^2}}\, dy = 2\pi R\, dy,$$

从而 $S_1(y) = 2\pi Ry$,进而 $S_1(R) = 2\pi R^2$,于是整个表面积为它的 2 倍,即 $S(R) = 4\pi R^2$.

第三讲 无穷阶多项式——幂级数

1 Newton 二项式定理

对于 n 是正整数,下面的二项式展开后是 x 的 n 次多项式
$$(1+x)^n = 1 + nx + \cdots + x^n. \tag{1}$$
Newton 有一个想法,对于 n 为负整数或一般的有理数,式(1)这个模式是可以推广的,只是不再是有限项,而是一个无限项的多项式,例如,
$$(1-x)^{-1} = 1 + x + x^2 + \cdots + x^n + \cdots, \tag{2}$$
只需把两边同乘 $1-x$ 就可以验证式(2)了. 为了给出下面的展开式
$$(1-x)^{\frac{1}{2}} = 1 + a_1 x + a_2 x^2 + \cdots + a_n x^n + \cdots, \tag{3}$$
将式(3)两边平方,可以求得
$$(1-x)^{\frac{1}{2}} = 1 - \frac{1}{2}x - \frac{1}{8}x^2 - \frac{1}{16}x^3 - \frac{5}{128}x^4 - \frac{7}{256}x^5 - \cdots. \tag{4}$$

问题 1 验证式(4).

注 你仔细想想,多项式是非常简单的函数,它的计算只涉及加法和乘法. 求斜率时分母可以约掉,而且结果是低一阶的多项式,从而求相应的面积时,原函数是高一阶的多项式. 因此,如果一个函数能写成多项式形式将非常方便. 比如,式(4)是一个很漂亮的表达式. 而一般的初等函数,如指数函数、对数函数、三角函数等,是否也可以写成多项式的形式呢? 如果能写成,那是多么优美的事情啊! 你自己想想是否可能,在第 3 节中将给出答案.

2 Newton 计算 π 的近似值

用圆内接正多边形和外切正多边形的办法求 π 的近似值计算量非常大,Archimedes 通过 96 边形得到了 π 的近似值为 3.14. Newton 用下面的简单办法得到了 π 的小数点后 8 位的近似值.

设半圆的方程为
$$y = \sqrt{x - x^2} = x^{\frac{1}{2}}(1-x)^{\frac{1}{2}},$$
$A(0,0)$ 为坐标原点,$C\left(\dfrac{1}{2}, 0\right)$ 为圆心. 取点 $B\left(\dfrac{1}{4}, 0\right)$,过 B 作垂直 x 轴的直线交半圆于点 D,求由 AB,BD 和圆弧 AD 组成的区域面积 S. 有两种求法:一种是几何方法,

由扇形 ACD 的面积减去 $\triangle BCD$ 的面积得

$$S = \frac{\pi}{24} - \frac{\sqrt{3}}{32}. \tag{5}$$

另一种是求原函数的方法,把 y 展开有

$$y = x^{\frac{1}{2}}\left(1 - \frac{1}{2}x - \frac{1}{8}x^2 - \frac{1}{16}x^3 - \frac{5}{128}x^4 - \frac{7}{256}x^5 - \cdots\right)$$

$$= x^{\frac{1}{2}} - \frac{1}{2}x^{\frac{3}{2}} - \frac{1}{8}x^{\frac{5}{2}} - \frac{1}{16}x^{\frac{7}{2}} - \frac{5}{128}x^{\frac{9}{2}} - \frac{7}{256}x^{\frac{11}{2}} - \cdots.$$

设从 0 到 x 的面积为 $S(x)$,则

$$S(x) = \frac{2}{3}x^{\frac{3}{2}} - \frac{1}{5}x^{\frac{5}{2}} - \frac{1}{28}x^{\frac{7}{2}} - \frac{1}{72}x^{\frac{9}{2}} - \frac{5}{704}x^{\frac{11}{2}} - \cdots,$$

从而所求为

$$S = S\left(\frac{1}{4}\right) \approx 0.07677310678,$$

与式(5)相等,求得 π 的近似值为

$$\pi \approx 3.141592668\cdots.$$

3 无穷阶的多项式——幂级数

Newton 二项式定理说的是一个比较复杂的函数可以写成无穷阶多项式的形式. 那么是否一般的函数也能写成这种形式呢? 一个当然的做法是我们先假设能写成,然后看看会怎样. 假设

$$f(x) = a_0 + a_1 x + a_2 x^2 + \cdots + a_n x^n + \cdots,$$

这些系数是未知的. 现在很容易看到:如果取 $x=0$,那么有 $a_0 = f(0)$. 为了求出 a_1,先求一下导数,有

$$f'(x) = a_1 + 2a_2 x + \cdots + na_n x^{n-1} + \cdots,$$

如果在上式中取 $x=0$,就有 $a_1 = f'(0)$. 继续求导,可以求出其他的系数. 一般地,有

$$a_n = \frac{f^{(n)}(0)}{n!}.$$

现在看看把一个函数写成幂级数有什么好处. 这里要引用一个前面的结果,

$$(e^x)' = e^x, \quad e^0 = 1, \quad e \simeq 2.71828.$$

如果现在要近似计算 $e^{0.01}$ 的值,我们发现传统的开高次根号的方法是无能为力的. 如果利用它的幂级数展开式

$$e^x = 1 + x + \frac{x^2}{2} + \cdots,$$

只需要把 $x=0.01$ 代入,取前三项计算就得到了非常好的近似结果

$$e^{0.01} \simeq 1.01005.$$

这样就利用幂级数展开把 e 的开 100 次方的复杂运算变成了简单的加减法和乘法运算. 幂级数的威力非同小可!

4 幂级数的另一个应用——Euler 的神奇求和公式

前面看到的是幂级数在近似计算中的威力. 下面的例子可以看到它在精确计算方面的威力. 历史上一个求精确值的问题难倒了那些大数学家, 这个问题是求下面无穷级数的精确值, 即

$$1+\frac{1}{2^2}+\frac{1}{3^2}+\cdots+\frac{1}{n^2}+\cdots. \tag{6}$$

年轻的 Euler 解决了这个问题而一举成名. 他的做法是这样的: 首先把 n 阶多项式的一个结果推广到无穷阶多项式, 即幂级数情形. 我们知道, 如果一个 n 阶多项式有 n 个根, 那么可以展开成

$$1+a_1x+\cdots+a_nx^n=\left(1-\frac{x}{x_1}\right)\cdots\left(1-\frac{x}{x_n}\right). \tag{7}$$

Euler 认为这个结果对于幂级数也成立, 然后他考虑 $\sin x$ 的幂级数, 即

$$\sin x=x-\frac{x^3}{6}+\frac{x^5}{5!}-\cdots,$$

由于 $\sin x=0$ 有一个根是 $x=0$, 为了去掉这个根, Euler 考虑

$$\frac{\sin x}{x}=1-\frac{x^2}{6}+\frac{x^4}{5!}-\cdots, \tag{8}$$

而 $\frac{\sin x}{x}=0$ 的根是 $x=k\pi, k=\pm 1,\pm 2,\cdots$. Euler 将式(7)应用到式(8), 得到

$$1-\frac{x^2}{6}+\frac{x^4}{5!}-\cdots=\left(1-\frac{x}{\pi}\right)\left(1+\frac{x}{\pi}\right)\cdots\left(1-\frac{x}{n\pi}\right)\left(1+\frac{x}{n\pi}\right)\cdots$$

$$=\left(1-\frac{x^2}{\pi^2}\right)\cdots\left(1-\frac{x^2}{n^2\pi^2}\right)\cdots. \tag{9}$$

将式(9)右边展开, 有

$$1-\frac{x^2}{6}+\frac{x^4}{5!}-\cdots=\left(1-\frac{x^2}{\pi^2}\right)\cdots\left(1-\frac{x^2}{n^2\pi^2}\right)\cdots$$

$$=1-\frac{1}{\pi^2}\left(1+\frac{1}{2^2}+\cdots+\frac{1}{n^2}+\cdots\right)x^2+\cdots, \tag{10}$$

比较式(10)左右两边的系数, x^2 的系数相等就给出了式(5)的精确值

$$1+\frac{1}{2^2}+\frac{1}{3^2}+\cdots+\frac{1}{n^2}+\cdots=\frac{\pi^2}{6}. \tag{11}$$

如果比较其他项的系数就能得到更多的这类公式. Euler 只是通过把有限阶的多项式性质类比到无穷阶的多项式即幂级数情形, 非常神奇地得到了公式(11), 由此开始

了 Euler 作为一流数学家的职业生涯.

5 在一般点处的 Taylor 展开的微妙之处

对于函数 $f(x)=\dfrac{1}{1+x}$，它的幂级数展开为

$$\frac{1}{1-x}=1+x+x^2+\cdots+x^n+\cdots$$

在 $|x|<1$ 的时候展开式的右边是有意义的. 在其他情形它是无穷大或者没有确定值. $|x|<1$ 就是收敛区域. 这个级数是所谓的在零点处的 Taylor 展开. 想一下它在别的点处的展开是否会使得收敛的区域大些呢. 我们给出它在 x_0 处的幂级数如下

$$\frac{1}{1-x}=\frac{1}{(1-x_0)\left(1-\dfrac{x-x_0}{1-x_0}\right)}$$

$$=\frac{1}{1-x_0}\left\{1+\frac{x-x_0}{1-x_0}+\left(\frac{x-x_0}{1-x_0}\right)^2+\cdots+\left(\frac{x-x_0}{1-x_0}\right)^n+\cdots\right\}.$$

把 $\dfrac{x-x_0}{1-x_0}$ 当成展开的变量，则这个幂级数的收敛区域是 $\left|\dfrac{x-x_0}{1-x_0}\right|<1$，即 $|x-x_0|<|1-x_0|$. 一般来说这个区域扩大了. 例如，$x_0=-8$ 的时候，收敛的区域是 $-17<x<1$；当 x_0 趋向负无穷大时，收敛的区间也趋向于 $(-\infty,1)$. 例如，当 $x_0=8$ 时，收敛的区域是 $1<x<15$；当 x_0 趋向负无穷大时，收敛的区间也趋向于 $(1,+\infty)$. 一个特殊的情形是 $-1<x_0<1$ 时，如 $x_0=0.3$，收敛的区域是 $-0.4<x<1$，收敛区域变小了. 而当 $x_0=0.8$ 时，收敛的区域是 $0.6<x<1$，这个区域也已经不包括零点了. 事实上当 $x_0\geqslant 0.5$ 时，收敛的区域不包括零点，其他情形包括零点.

从上述讨论可知，展开点 x_0 的位置一般会影响幂级数的收敛区域的位置和大小，因而用幂级数去求解常微分方程的初值问题时候，如果不选择初始点去展开解，而是选择其他的点作展开，有可能会得到收敛区域更大的解. 这个问题在非线性力学界很受重视，有一种称为同伦分析的方法，目的就是扩大幂级数解的收敛区域. 而我证明了同伦分析法本质上就是幂级数在不同点处的展开而已.

第四讲 多元函数极值问题、偏导数、曲线积分和外微分

1 极值问题和偏导数

一条曲线的切线什么时候是水平的？对这个问题的观察导致了求极值的微分方法。这还是 Fermat 的贡献。从图形可以看出在曲线的峰顶或谷底，切线是水平的，这意味着斜率，即导数是 0，这样根据导数是 0 就可以找到峰顶或者谷底的点，也称为极值点。例如，求函数 $y=x^2+bx+c$ 的极值，在中学时候我们用的是配方法求极值，这种问题是应用中经常出现的，用初等的方法是相当麻烦的。用微分的方法可以轻易解决，也就是说极值点处一定是切线水平，等价的数学说法是导数为 0。现在根据导数为 0 很容易求出极值点。由 $y'=2x+b=0$，有 $x=b/2$。这正是我们要的结果。

那么对于两个变量的函数呢，比如，$z=x^2+y^2+xy$。同样地，在山顶或者谷底切平面是水平的，那么对于 x 的导数和对于 y 的导数都是 0。我们对于多个变量的函数求导数规定不同的符号以免混淆。对 x 和 y 的导数我们称为偏导数，记为 $\frac{\partial z}{\partial x}$ 和 $\frac{\partial z}{\partial y}$。对于前面的这个例子，有 $\frac{\partial z}{\partial x}=2x+y$ 和 $\frac{\partial z}{\partial y}=2y+x$。如果求 z 的极值点，那么令两个偏导数都是 0 得到 $x=0, y=0$。

2 导数和偏导数的更多问题

在计算导数的时候，我们是取自变量的两个很近的值之间的函数值之差。这个差近似地与自变量之差成正比，比例系数就是导数。因此我们在形式上可以写成 $df = f(x+dx) - f(x) = f'(x)dx$。换句话说，导数可以写成两个微分的比，这是由莱布尼茨给出的很方便的一套符号。用这套符号讨论二元函数的微分和导数是很便利的。对于二元函数，其微分是

$$df(x,y) = f(x+dx, y+dy) - f(x,y),$$

通过简单地加一项减一项的方法，有

$$\begin{aligned}\Delta f(x,y) &= f(x+\Delta x, y+\Delta y) - f(x, y+\Delta y) + f(x, y+\Delta y) - f(x,y) \\ &= \frac{\partial f}{\partial x}(x, y+\Delta y)\Delta x + \frac{\partial f}{\partial y}(x,y)\Delta y \\ &= \left[\frac{\partial f}{\partial x}(x, y+\Delta y) - \frac{\partial f}{\partial x}(x,y)\right]\Delta x + \frac{\partial f}{\partial x}(x,y)\Delta x + \frac{\partial f}{\partial y}(x,y)\Delta y\end{aligned}$$

$$= \frac{\partial^2 f}{\partial y \partial x}(x,y)\Delta y \Delta x + \frac{\partial f}{\partial x}(x,y)\Delta x + \frac{\partial f}{\partial y}(x,y)\Delta y,$$

需要把二阶无穷小的第一项去掉. 在一个变量的时候, 有 $df = f'(x)dx$, 这说明的是一种线性关系, 即函数的微分变化与自变量的微分变化之间是成比例的, 比例系数就是导数. 同样的理由, 有

$$df = f(x+dx, y+dy) - f(x,y) = \frac{\partial f(x,y)}{\partial x}dx + \frac{\partial f(x,y)}{\partial y}dy.$$

这就是二元函数的微分. 我们讨论沿着某个方向的导数问题. 比如一座山, 它的表面可以用一个二元函数表示 $z = f(x,y)$, z 代表山的高度. 如果我们随便找一点 (x,y), 在此点处随便沿着一个方向 h 把山切开, 则切面的边缘是个曲线, 那么对于这个曲线求切线也就是求导数会是什么样子呢？设方向为 $h = (a,b)$, 那么沿着 h 方向的导数为

$$\lim_{t \to 0} \frac{f(x+at, y+bt) - f(x,y)}{t},$$

由二元函数的微分公式, 得到上述极限为

$$\lim_{t \to 0} \frac{f(x+at, y+bt) - f(x,y)}{t} = \lim_{t \to 0} \frac{\frac{\partial f}{\partial x}(x,y)at + \frac{\partial f}{\partial y}(x,y)bt}{t}$$
$$= a\frac{\partial f}{\partial x}(x,y) + b\frac{\partial f}{\partial y}(x,y).$$

这个结果是很有意思的, 它说明沿着任何方向的导数, 都由两个偏导数与该方向线性组合到一起给出, 也就是两个基本偏导数 $\frac{\partial z}{\partial x}$ 和 $\frac{\partial z}{\partial y}$ 决定了所有方向的导数. 而 $\frac{\partial z}{\partial x}$ 和 $\frac{\partial z}{\partial y}$ 分别是沿着 x 轴方向和 y 轴方向的导数.

对于具有约束的极值问题, 比如, 约束条件为 $g(x,y) = x^2 + y^2 - 1 = 0$ 的时候求 $z = f(x,y)$ 的极值, 我们可以通过约束解出 x 或者 y 然后 z 就成为了一元函数了. 我们也可以不单独求出 x 或者 y, 而是直接考虑 z 的微分, $dz = df = \frac{\partial f}{\partial x}dx + \frac{\partial f}{\partial y}dy$, 又对于约束条件两边求微分, 有 $xdx + ydy = 0$, 从而 $dy = -\frac{x}{y}dx$, 代入 dz 中有 $dz = df = \left(\frac{\partial f}{\partial x} - \frac{x}{y}\frac{\partial f}{\partial y}\right)dx$. 在极值点, $dz = 0$, 所以有 $\frac{\partial f}{\partial x} - \frac{x}{y}\frac{\partial f}{\partial y} = 0$, 这就是约束条件下求极值的方法. 其关键在于有了约束条件, 微分 dx 和 dy 之间不再无关了. 拉格朗日通过把目标函数和约束条件结合到一起给出了所谓的拉格朗日乘子法, 即构造辅助函数

$$F(x,y) = f(x,y) + \lambda g(x,y),$$

则极值的必要条件是

$$dF = \frac{\partial F}{\partial x}dx + \frac{\partial F}{\partial y}dy = \frac{\partial f}{\partial x}dx + \frac{\partial f}{\partial y}dy + \lambda\left(\frac{\partial g}{\partial x}dx + \frac{\partial g}{\partial y}dy\right) = 0,$$

由此得到 $\frac{\partial f}{\partial x} = -\lambda \frac{\partial g}{\partial x}, \frac{\partial f}{\partial y} = -\lambda \frac{\partial g}{\partial y}$，即 $\frac{\partial f}{\partial x} + \left(\frac{\partial g}{\partial x} \middle/ \frac{\partial g}{\partial y}\right) \frac{\partial f}{\partial y} = 0$. 从几何上容易看出作为向量有 $\left(\frac{\partial f}{\partial x}, \frac{\partial f}{\partial y}\right) = -\lambda \left(\frac{\partial g}{\partial x}, \frac{\partial g}{\partial y}\right)$，也就是说，$f$ 和 g 的梯度平行，这里我们称 $\mathrm{grad} f = \left(\frac{\partial f}{\partial x}, \frac{\partial f}{\partial y}\right)$ 为 f 的梯度.

还有一个有意思的情况，就是部分变量带有约束的情形. 例如，约束条件为 $g(x,y) = x^2 + y^2 - 1 = 0$ 的时候求 $w = f(x,y,z)$ 的极值，我们可以通过约束解出 x 或者 y 然后 w 就成为了二元函数了. 我们也可以不单独求出 x 或者 y，而是直接考虑 w 的微分，$\mathrm{d}w = \mathrm{d}f = \frac{\partial f}{\partial x}\mathrm{d}x + \frac{\partial f}{\partial y}\mathrm{d}y + \frac{\partial f}{\partial z}\mathrm{d}z$，又对于约束条件两边求微分，有 $x\mathrm{d}x + y\mathrm{d}y = 0$，从而 $\mathrm{d}y = -\frac{x}{y}\mathrm{d}x$，代入 $\mathrm{d}w$ 中有 $\mathrm{d}w = \mathrm{d}f = \left(\frac{\partial f}{\partial x} - \frac{x}{y}\frac{\partial f}{\partial y}\right)\mathrm{d}x + \frac{\partial f}{\partial z}\mathrm{d}z$. 在极值点，有 $\mathrm{d}w = 0$，所以 $\frac{\partial f}{\partial x} - \frac{x}{y}\frac{\partial f}{\partial y} = 0$ 和 $\frac{\partial f}{\partial z} = 0$. 类似地可以用拉格朗日乘子法求解.

3 Newton 模式：沿着曲线做功——曲线积分

一个力分量为 (p,q)，沿着曲线 $y = f(x)$ 拉着一个物体运动. 那么功是多少呢？我们知道功由两部分组成，一是 p 分量沿着 x 方向在 $\mathrm{d}x$ 长度上的功为 $p\mathrm{d}x$，另一个是 q 分量沿着 y 方向在 $\mathrm{d}y$ 长度上的功为 $q\mathrm{d}y$. 因此在一小段曲线上的功为

$$W(x+\mathrm{d}x) - W(x) = p\mathrm{d}x + q\mathrm{d}y = p\mathrm{d}x + qf'(x)\mathrm{d}x,$$

从而

$$W'(x) = p + qf'(x).$$

反着可以求出 W 来. 写成标准的数学语言就是，总的功就是沿着这个曲线求和，即作积分，写成

$$W = \int_l p\mathrm{d}x + q\mathrm{d}y = \int_a^b [p + qy'(x)]\mathrm{d}x,$$

因此计算也是很容易的. 一个在实际中重要的情形是沿着闭曲线的做功问题，此时积分写成

$$W = \oint_L p\mathrm{d}x + q\mathrm{d}y.$$

下面考察沿着一个微小路径 $L_\Delta(x,y)$ 的积分，

$$W_\Delta = \oint_{L_\Delta(x,y)} p\mathrm{d}x + q\mathrm{d}y,$$

这里

$$L_\Delta(x,y): (x,y) \to (x+\mathrm{d}x, y) \to (x+\mathrm{d}x, y+\mathrm{d}y) \to (x, y+\mathrm{d}y) \to (x,y).$$

由定义可以得到

$$W_\Delta = \oint_{L_\Delta(x,y)} p\,\mathrm{d}x + q\,\mathrm{d}y$$
$$= p(x,y)\mathrm{d}x + q(x+\mathrm{d}x,y)\mathrm{d}y - p(x,y+\mathrm{d}y)\mathrm{d}x - q(x,y)\mathrm{d}y$$
$$= \left(\frac{\partial q}{\partial x} - \frac{\partial p}{\partial y}\right)\mathrm{d}x\mathrm{d}y,$$

这样,如果把 D 分成许多个小格子,那么所有小格子的边界加起来,由于定向的缘故,内部的每个边都正负加了两次从而抵消了,总和就是最外边的边界,也就是 D 的边界. 而利用上式,得到左边是 $\oint_L p\,\mathrm{d}x + q\,\mathrm{d}y$,右边是 $\iint_D \left(\frac{\partial q}{\partial x} - \frac{\partial p}{\partial y}\right)\mathrm{d}x\mathrm{d}y$,这就是 Green 公式,即

$$\oint_L p\,\mathrm{d}x + q\,\mathrm{d}y = \iint_D \left(\frac{\partial q}{\partial x} - \frac{\partial p}{\partial y}\right)\mathrm{d}x\mathrm{d}y.$$

4 关于二重积分的定义——面积是有方向的——外积的引入

前面我们说过,分割和取坐标系是等价的!怎么样更深入地理解这句话?

在定义一重积分的时候,需要注意到在分割 x 轴的时候,我们是规定了方向的,就是沿着 x 轴的正方向取分点,每个微元 $\mathrm{d}x$ 我们认为是正的. 也就是说求和是从左到右的. 如果把积分限交换一下,则求和变成从右到左,也就是 $\mathrm{d}x$ 变成负的了. 这就是一重积分的性质

$$\int_a^b f(x)\mathrm{d}x = -\int_b^a f(x)\mathrm{d}x.$$

根据这个性质得到有趣的性质

$$\int_a^b f(x)\mathrm{d}x = \int_a^c f(x)\mathrm{d}x + \int_c^b f(x)\mathrm{d}x,$$

这里 c 可以在区间 $[a,b]$ 之内也可以在之外.

那么这个性质在二重积分的时候是什么呢?当用累次积分的办法去求二重积分的时候,用的是两次一重积分,而一重积分的定义是考虑了定义域的方向的,因此二重积分也同样有上述类似的性质. 例如,我们有

$$\int_a^b\int_c^d f(x,y)\mathrm{d}x\mathrm{d}y = \int_a^e\int_c^d f(x,y)\mathrm{d}x\mathrm{d}y + \int_e^b\int_c^d f(x,y)\mathrm{d}x\mathrm{d}y,$$

其中 e 在区间 $[a,b]$ 之内之外均可.

事实上,区间的长度可以看成某种积分,这个长度是有正负的. 因此定义这个积分为

$$l([a,b]) = b - a.$$

以上定义的妙处在于对任何 c 都成立下面的加法公式,

$$l([a,b]) = l([a,c]) + l([c,b]).$$

这样定义长度后，我们自然可以同样定义面积. 对于矩形 $abcd$ 定义它的面积为
$$S(abcd) = l([a,b])l([c,d]) = (b-a)(d-c),$$
从这里可以看到怎样给面积一个方向. 把矩形的四个顶点按逆时针方向分别标记为 $ABCD$，规定这个方向的面积是正的，那么在 AB 和 CD 上分别取一点 E 和 F，使得 EF 平行于 AD，无论 E 在 AB 上还是外，都有面积的加法公式
$$S(ABCD) = S(AEFD) + S(EBCF).$$
这样规定了面积的方向之后，加法公式是自然成立的. 下面我们的目的是直接考虑面积微元 $\mathrm{d}x\mathrm{d}y$. 前面在二重积分那里我们是隐含地当它为正的了. 而另一方面，当我们利用不同的坐标系去计算的时候，微元怎么取？不同的坐标微元之间有什么联系？面积微元 $\mathrm{d}x\mathrm{d}y$ 来源于选择直角坐标系，如果我们用斜坐标系，比如，
$$X = a_{11}x + a_{12}y, \quad Y = a_{21}x + a_{22}y,$$
那么面积微元就是
$$\mathrm{d}X\mathrm{d}Y = (a_{11}a_{22} - a_{12}a_{21})\mathrm{d}x\mathrm{d}y.$$
如果用极坐标 $x = r\cos\theta, y = r\sin\theta$，那么面积微元是 $r\mathrm{d}r\mathrm{d}\theta$. 如果从代数上考虑这个问题，有
$$\begin{aligned}\mathrm{d}X\mathrm{d}Y &= (a_{11}\mathrm{d}x + a_{12}\mathrm{d}y)(a_{21}\mathrm{d}x + a_{22}\mathrm{d}y)\\ &= a_{11}a_{21}\mathrm{d}x\mathrm{d}x + a_{12}a_{22}\mathrm{d}y\mathrm{d}y + a_{11}a_{22}\mathrm{d}x\mathrm{d}y + a_{12}a_{21}\mathrm{d}y\mathrm{d}x.\end{aligned}$$
为了得到
$$\mathrm{d}X\mathrm{d}Y = (a_{11}a_{22} - a_{12}a_{21})\mathrm{d}x\mathrm{d}y,$$
需要 $a_{11}a_{21}\mathrm{d}x\mathrm{d}x = a_{12}a_{22}\mathrm{d}y\mathrm{d}y = 0$，以及 $a_{12}a_{21}\mathrm{d}y\mathrm{d}x = -a_{12}a_{21}\mathrm{d}x\mathrm{d}y$. 也就是说，如果面积微元 $\mathrm{d}x\mathrm{d}y$ 不是普通的乘积，如果我们规定 $\mathrm{d}x$ 和 $\mathrm{d}y$ 是长度单位，那么在直角坐标系里 $\mathrm{d}x\mathrm{d}y$ 就是面积单位，从而 $\mathrm{d}x\mathrm{d}y$ 是平行四边形的面积. 为了构造相应的代数规则，只需要把这种微元写成另一种乘积的形式，所谓的外乘积 $\mathrm{d}x \wedge \mathrm{d}y$，其规则是 $\mathrm{d}x \wedge \mathrm{d}y = -\mathrm{d}y \wedge \mathrm{d}x$，从而 $\mathrm{d}x \wedge \mathrm{d}x = -\mathrm{d}x \wedge \mathrm{d}x = 0$. 这样规定后，坐标变换后面积微元之间的关系就可以代数地推导出来，如极坐标 $x = r\cos\theta, y = r\sin\theta$，那么
$$\mathrm{d}x = \cos\theta\mathrm{d}r - r\sin\theta\mathrm{d}\theta, \quad \mathrm{d}y = \sin\theta\mathrm{d}r + r\cos\theta\mathrm{d}\theta,$$
从而微元面积
$$\begin{aligned}\mathrm{d}x \wedge \mathrm{d}y &= (\cos\theta\mathrm{d}r - r\sin\theta\mathrm{d}\theta) \wedge (\sin\theta\mathrm{d}r + r\cos\theta\mathrm{d}\theta)\\ &= \cos\theta\sin\theta\mathrm{d}r \wedge \mathrm{d}r - r^2\cos\theta\sin\theta\mathrm{d}\theta \wedge \mathrm{d}\theta + r\cos^2\theta\mathrm{d}\theta \wedge \mathrm{d}r - r\sin^2\theta\mathrm{d}r \wedge \mathrm{d}\theta\\ &= r\mathrm{d}r \wedge \mathrm{d}\theta.\end{aligned}$$

面积定义了方向之后，面积的合成变得简单了，对于三角形的面积看得更清楚. 例如，$\triangle ABC$ 按逆时针方向规定面积为正，那么随便取一点 D，在三角形的内部或者外部均可，总有

$$S(ABC) = S(DAB) + S(DBC) + S(DCA),$$

顺时针为负，逆时针为正．这样定义了有向面积之后我们的二重积分就有和一重积分同样的积分区域合成性质．

$$\int_D f(x,y)\mathrm{d}x\mathrm{d}y = \int_{D_1} f(x,y)\mathrm{d}x\mathrm{d}y + \int_{D_2} f(x,y)\mathrm{d}x\mathrm{d}y,$$

这里既可以有 $D=D_1\bigcup D_2$，也可以是 $D_2=D\bigcup D_1$．

5 外微分形式和外微分，外微分的几何意义，Stokes 公式

有了外积的规则，再来看前面的 Green 公式．$p\mathrm{d}x+q\mathrm{d}y$ 沿着区域 D 的边界逆时针积分一圈等于 $\iint_D \left(\dfrac{\partial q}{\partial x} - \dfrac{\partial p}{\partial y}\right)\mathrm{d}x\mathrm{d}y$. 用推导这个公式的办法，我们发现根本原因在于微分形式 $p\mathrm{d}x+q\mathrm{d}y$ 沿着一个微小的路径

$$L_\Delta(x,y):(x,y) \to (x+\mathrm{d}x,y) \to (x+\mathrm{d}x,y+\mathrm{d}y) \to (x,y+\mathrm{d}y) \to (x,y),$$

积分得到 $\left(\dfrac{\partial q}{\partial x} - \dfrac{\partial p}{\partial y}\right)\mathrm{d}x\mathrm{d}y$，也可以说 $\left(\dfrac{\partial q}{\partial x} - \dfrac{\partial p}{\partial y}\right)\mathrm{d}x\mathrm{d}y$ 的"原形式"是 $p\mathrm{d}x+q\mathrm{d}y$．那么形式上写成

$$\mathrm{d}(p\mathrm{d}x+q\mathrm{d}y) = \left(\dfrac{\partial q}{\partial x} - \dfrac{\partial p}{\partial y}\right)\mathrm{d}x\mathrm{d}y.$$

现在又可以给出一种规则来得到这个表达式．我们只需要定义微分形式的外微分是

$$\mathrm{d}(p\mathrm{d}x+q\mathrm{d}y) = \mathrm{d}p\wedge \mathrm{d}x + \mathrm{d}q\wedge \mathrm{d}y,$$

这自然就可以给出

$$\mathrm{d}(p\mathrm{d}x+q\mathrm{d}y) = \left(\dfrac{\partial q}{\partial x} - \dfrac{\partial p}{\partial y}\right)\mathrm{d}x\mathrm{d}y.$$

必须认识到外微分的定义与其说是微分，不如说是积分，因为这是在无穷小路径上的积分．这不是微分形式 $p\mathrm{d}x+q\mathrm{d}y$ 在两点之间形式值的差，而是在一个微小路径上的积分．这正是外微分的几何意义．对普通函数来说，微分是两点之间函数值的差，这就是在区间的边界即端点上的积分．事实上，可以定义函数 F 在区间 $[a,b]$ 的边界，即端点上的积分为

$$F|_a^b = F(b) - F(a),$$

这里体现了方向的重要性，区间是个线段，它的方向规定为从左向右是正的，那么对任意的 c，有

$$F|_a^b = F|_a^c + F|_c^b = F(c) - F(a) + F(b) - F(c) = F(b) - F(a).$$

当把区间分成很多小段的时候，每一段上有

$$F(x+\mathrm{d}x) - F(x) = F'(x)\mathrm{d}x,$$

因此这些小段加起来，中间点处的值相互抵消，只剩下端点处的值的差，这正是微积

分基本定理

$$\int_a^b F'(x)\mathrm{d}x = F(b) - F(a).$$

从这个意义上说，微积分基本定理是微分概念以及函数在线段的边界上的积分概念的一个自然的推论，是从定义直接得来的．对于更高维数的形式，如二阶微分形式

$$P\mathrm{d}x \wedge \mathrm{d}y + Q\mathrm{d}y \wedge \mathrm{d}z + R\mathrm{d}z \wedge \mathrm{d}x,$$

它的外微分就是沿着过 (x,y,z) 点的微小闭曲面的积分，方向是外法线方向为正．这个闭曲面可以取成在 (x,y,z) 点处边长为 $(\Delta x, \Delta y, \Delta z)$ 的平行六面体．我们自然地得到在这个六面体上的积分是 $\left(\frac{\partial P}{\partial z} + \frac{\partial Q}{\partial x} + \frac{\partial R}{\partial y}\right)\mathrm{d}x \wedge \mathrm{d}y \wedge \mathrm{d}z$，即

$$\mathrm{d}(P\mathrm{d}x \wedge \mathrm{d}y + Q\mathrm{d}y \wedge \mathrm{d}z + R\mathrm{d}z \wedge \mathrm{d}x) = \left(\frac{\partial P}{\partial z} + \frac{\partial Q}{\partial x} + \frac{\partial R}{\partial y}\right)\mathrm{d}x \wedge \mathrm{d}y \wedge \mathrm{d}z.$$

由此自然得到边界积分和内部积分的关系，即所谓的高斯公式

$$\iint_S \mathrm{d}(P\mathrm{d}x \wedge \mathrm{d}y + Q\mathrm{d}y \wedge \mathrm{d}z + R\mathrm{d}z \wedge \mathrm{d}x) = \iiint_V \left(\frac{\partial P}{\partial z} + \frac{\partial Q}{\partial x} + \frac{\partial R}{\partial y}\right)\mathrm{d}x \wedge \mathrm{d}y \wedge \mathrm{d}z,$$

这里 S 是 V 的表面．对于三维空间的微分形式 $P\mathrm{d}x + Q\mathrm{d}y + R\mathrm{d}z$，它在一个三维空间的微小闭路 L_Δ 上的积分就给出

$$\oint_{L_\Delta} P\mathrm{d}x + Q\mathrm{d}y + R\mathrm{d}z = \mathrm{d}(P\mathrm{d}x + Q\mathrm{d}y + R\mathrm{d}z),$$

这里，

$$L_\Delta : (x,y,z) \to (x+\mathrm{d}x, y, z) \to (x+\mathrm{d}x, y+\mathrm{d}y, z)$$
$$\to (x+\mathrm{d}x, y+\mathrm{d}y, z+\mathrm{d}z) \to (x, y+\mathrm{d}y, z+\mathrm{d}z) \to (x, y, z+\mathrm{d}z) \to (x,y,z).$$

因此只要把所有的小闭路上的积分加起来就恰好是整个外边界上的积分，而由上式知道，每个小闭路上的积分正好是这个小闭路所围小曲面上的二重积分，作和之后就得出了 Stokes 公式，即

$$\oint_L P\mathrm{d}x + Q\mathrm{d}y + R\mathrm{d}z = \iint_S \mathrm{d}(P\mathrm{d}x + Q\mathrm{d}y + R\mathrm{d}z).$$

这个做法一直可以推广到任意的维数，给出所谓的一般 Stokes 公式

$$\oint_{\partial D} \omega = \int_D \mathrm{d}\omega,$$

这里 ∂D 是 n 维区域 D 的边界，ω 是 $n-1$ 维的微分形式．

需要注意的一点是，普通微分只是两点函数值的差，它只对普通函数去定义的．普通函数的微分可以看成是定义在区间边界上的积分．有了外微分的几何意义，我们可以很方便地讨论一个微分形式的原形式．例如，我们知道一个函数的原函数有无穷多，彼此相差一个常数，因为常数的导数是零．一个微分形式，如果它的外微分是零，就称为闭的．因此，换成微分形式的语言就是，一个零形式的原形式有无穷多，彼此相差一个闭形式．这个结论对于 n 次微分形式也是成立的．

6 通过复数求积分——复数的引入和复变函数

复数 $z=x+\mathrm{i}y$,其中 $\mathrm{i}^2=-1$. 复数可以做加减乘除四则运算. 复数又可以对应于平面上的点,其长度又称为模定义为 $|z|=\sqrt{x^2+y^2}$. 复数可以用极坐标表示 $z=r(\cos\theta+\mathrm{i}\sin\theta)$,其中 r 就是模,θ 是辐角.

有了复数就有复函数,只要有个实变量的函数就可以构造相应的复变量函数. 例如,$f(z)=z^2$,$f(z)=\mathrm{e}^z$,$f(z)=\sin z$ 等. 我们只知道复数的加减乘除,那么 e^z 是什么意思呢? 这个可以通过幂级数展开定义它

$$\mathrm{e}^z = 1+z+\frac{1}{2}z^2+\cdots+\frac{1}{n!}z^n+\cdots,$$

这样就有

$$\mathrm{e}^{\mathrm{i}y} = 1+\mathrm{i}y+\frac{1}{2}(\mathrm{i}y)^2+\cdots+\frac{1}{n!}(\mathrm{i}y)^n+\cdots = \cos y+\mathrm{i}\sin y.$$

那么复数就可以表示成 $z=r\mathrm{e}^{\mathrm{i}\theta}$. 复函数可以写成实部和虚部

$$f(x+\mathrm{i}y) = u(x,y)+\mathrm{i}v(x,y),$$

例如,$f(z)=z^2=x^2-y^2+2xy\mathrm{i}$.

同样可以考虑复函数的导数、微分和积分. 导数依然是

$$f'(z)=\lim_{\Delta z \to 0}\frac{f(z+\Delta z)-f(z)}{\Delta z}.$$

例如,

$$f'(z)=(z^2)'=\lim_{\Delta z \to 0}\frac{(z+\Delta z)^2-z^2}{\Delta z}=2z,$$

写成微分为

$$\mathrm{d}f = f'(z)\mathrm{d}z.$$

如果把导数写成实部和虚部,即 $f'(z)=a+b\mathrm{i}$,则把微分用实变量写成

$$\mathrm{d}(u+\mathrm{i}v) = (a+b\mathrm{i})(\mathrm{d}x+\mathrm{i}\mathrm{d}y),$$

进一步写成

$$\mathrm{d}u+\mathrm{i}\mathrm{d}v = a\mathrm{d}x-b\mathrm{d}y+\mathrm{i}(b\mathrm{d}x+a\mathrm{d}y).$$

根据对应实部和虚部分别相等,从而有

$$a=\frac{\partial u}{\partial x}=\frac{\partial v}{\partial y}, \quad b=-\frac{\partial u}{\partial y}=\frac{\partial v}{\partial x}.$$

现在得到的这个 u 和 v 的关系就是著名的 Cauchy-Riemann 方程(C-R 方程)

$$\frac{\partial u}{\partial x}=\frac{\partial v}{\partial y}, \quad \frac{\partial u}{\partial y}=-\frac{\partial v}{\partial x}.$$

这说明如果函数的导数在某点存在,那么在这点它的实部和虚部就满足 C-R 方程,

如果偏导数都存在且连续，则反过来也对。因此这是一个导数存在的等价条件。

下面考虑积分。积分是对 $f(z)\mathrm{d}z$ 求和，因此看看这是什么。我们有
$$f(z)\mathrm{d}z = u\mathrm{d}x - v\mathrm{d}y + \mathrm{i}(v\mathrm{d}x + u\mathrm{d}y).$$
因此复函数的积分是在曲线上的积分，写成
$$\int_L f(z)\mathrm{d}z = \int_L u\mathrm{d}x - v\mathrm{d}y + \mathrm{i}\int_L v\mathrm{d}x + u\mathrm{d}y.$$
例如，计算一下最重要的积分（注：这个积分再加上 C-R 方程就可以导出复变函数里几乎所有基本的公式）
$$\oint_{|z-z_0|=r} \frac{1}{(z-z_0)^n}\mathrm{d}z = \begin{cases} 2\pi\mathrm{i}, & n=1, \\ 0, & \text{其他情形}. \end{cases}$$
重要的往往是在闭曲线上的积分，即
$$\oint_L f(z)\mathrm{d}z = \oint_L u\mathrm{d}x - v\mathrm{d}y + \mathrm{i}\oint_L v\mathrm{d}x + u\mathrm{d}y,$$
这里 L 的方向是按逆时针方向。如果 L 按顺时针，则积分加一负号。利用 Green 公式，上述积分写成
$$\oint_L f(z)\mathrm{d}z = \oint_L u\mathrm{d}x - v\mathrm{d}y + \mathrm{i}\oint_L v\mathrm{d}x + u\mathrm{d}y$$
$$= \iint_D \left(-\frac{\partial v}{\partial x} - \frac{\partial u}{\partial y}\right)\mathrm{d}x\mathrm{d}y + \mathrm{i}\iint_D \left(\frac{\partial u}{\partial x} - \frac{\partial v}{\partial y}\right)\mathrm{d}x\mathrm{d}y.$$
如果 $f(z)$ 在区域 D 里导数处处存在，那么由 C-R 方程知道上述积分实部和虚部都是零，因此整个积分是零，即 $\oint_D f(z)\mathrm{d}z = 0$。由此可以推出如果两个闭曲线 L_1 和 L_2 之间不存在导数不存在的点，那么在这两个闭曲线上的积分相等。如果函数在区域中包含导数不存在的点会怎么样呢？比如，$f(z) = \dfrac{g(z)}{z-z_0}$，在区域 D 中 $g(z)$ 是导数处处存在的，那么 $f(z)$ 在 z_0 导数不存在。我们在 z_0 周围画一个小圆 L_1，则很容易推出
$$\oint_L f(z)\mathrm{d}z = \oint_{L_1} f(z)\mathrm{d}z.$$
如果在多个点 $z_1, \cdots, z_n$ 上导数不存在，那么在每个点周围画个小圆 $L_1, \cdots, L_n$，则在外圈的积分等于这 n 个小圆上的积分的和，即
$$\oint_L f(z)\mathrm{d}z = \oint_{L_1} f(z)\mathrm{d}z + \cdots + \oint_{L_n} f(z)\mathrm{d}z.$$
现在计算 $f(z) = \dfrac{g(z)}{z-z_0}$ 的积分 $\oint_{|z-z_0|=r} \dfrac{g(z)}{z-z_0}\mathrm{d}z$。因为 r 趋于零时积分值不变，所以，
$$\oint_{|z-z_0|=r} \frac{g(z)}{z-z_0}\mathrm{d}z = \lim_{r\to 0}\oint_{|z-z_0|=r} \frac{g(z)-g(z_0)}{z-z_0}\mathrm{d}z + \oint_{|z-z_0|=r} \frac{g(z_0)}{z-z_0}\mathrm{d}z$$
$$= 2\pi\mathrm{i}g(z_0).$$
两边对 z_0 求导数得到

$$\oint_{|z-z_0|=r} \frac{g(z)}{(z-z_0)^2} dz = 2\pi i g'(z_0),$$

$$\oint_{|z-z_0|=r} \frac{g(z)}{(z-z_0)^3} dz = 2\pi i \frac{g''(z_0)}{2},$$

$$\oint_{|z-z_0|=r} \frac{g(z)}{(z-z_0)^4} dz = 2\pi i \frac{g'''(z_0)}{3!},$$

一般地,有

$$\oint_{|z-z_0|=r} \frac{g(z)}{(z-z_0)^{n+1}} dz = 2\pi i \frac{g^{(n)}(z_0)}{n!}.$$

有了这些,我们可以计算许多复函数的积分了. 例如,

$$\oint_{|z|=100} \frac{e^z}{z^2(z-1)} dz = \oint_{|z|=1} \frac{e^z/(z-1)}{z^2} dz + \oint_{|z-1|=1} \frac{e^z/z^2}{(z-1)} dz$$

$$= 2\pi i (e^z/(z-1))' |_{z=0} + 2\pi i (e^z/z^2) |_{z=1}$$

$$= 2\pi i (2 + e).$$

利用复函数的积分可以计算一些比较困难的实积分. 前面利用的是把圈缩小的办法,这次我们利用把圈逐渐扩大的技巧. 例如,计算下面的积分

$$\int_{-\infty}^{+\infty} \frac{x+1}{(x^2+1)(x^2+2)} dx.$$

按照普通的学过的积分的办法这一定是比较麻烦的. 现在利用前面的复变函数的技巧处理它. 在上半平面作中心在原点半径为 R 的半圆 C_R,我们取闭曲线 L_R 为区间 $[-R, R]$ 和 C_R 连到一起,使得导数不存在的点 i 和 2i 都在这个半圆里. 积分 $\oint_{L_R} \frac{z+1}{(z^2+1)(z^2+4)} dz$ 容易求出. 等价地

$$\oint_{L_R} \frac{z+1}{(z^2+1)(z^2+4)} dz = \lim_{R \to +\infty} \oint_{L_R} \frac{z+1}{(z^2+1)(z^2+4)} dz$$

$$= \lim_{R \to +\infty} \int_{-R}^{+R} \frac{x+1}{(x^2+1)(x^2+4)} dx + \lim_{R \to +\infty} \int_{C_R} \frac{z+1}{(z^2+1)(z^2+4)} dz$$

$$= \int_{-\infty}^{+\infty} \frac{x+1}{(x^2+1)(x^2+4)} dx + \lim_{R \to +\infty} \int_{C_R} \frac{z+1}{(z^2+1)(z^2+4)} dz,$$

而

$$\lim_{R \to +\infty} \int_{C_R} \frac{z+1}{(z^2+1)(z^2+4)} dz = \lim_{R \to +\infty} \int_0^{\pi} \frac{Re^{i\theta}+1}{(R^2 e^{2i\theta}+1)(R^2 e^{2i\theta}+4)} Rie^{i\theta} d\theta = 0.$$

所以

$$\int_{-\infty}^{+\infty} \frac{x+1}{(x^2+1)(x^2+2)} dx = \oint_{L_R} \frac{z+1}{(z^2+1)(z^2+4)} dz.$$

问题 计算上述积分的值. 你能从这个例子看出这种类型的实积分什么时候可以用复积分求出吗？你还能找到其他类型的吗？计算

$$\frac{1}{\pi^2}\int_{-\infty}^{+\infty} \frac{t_1-t_0}{(x_1-x_0)^2+(t_1-t_0)^2} \times \frac{t_2-t_1}{(x_2-x_1)^2+(t_2-t_1)^2}\,\mathrm{d}x_1$$

$$=\frac{1}{\pi}\frac{t_2-t_0}{(x_2-x_0)^2+(t_2-t_0)^2}.$$

注 这一小节的推导大多数是形式推导，没有考虑严格的数学条件. 在一般复变函数的书上都可以找到这种严格的证明.

第五讲　计算面积的若干新方法

1　二重积分的一个有趣方法

求二重积分还有第三种方式.

设积分区域 D 的边界是简单闭曲线 L,即它自己没有交点,并且假设这个曲线可以由方程 $g(x,y)=c_0$ 给出.这样曲线族 $L(c):g(x,y)=c$,c 由 0 变到 c_0 扫过了整个区域 D,那么以 $L(c)$ 为基线垂直底面的墙的面积就是

$$s(c) = \oint_{L(c)} f(x,y) \sqrt{(\mathrm{d}x)^2 + (\mathrm{d}y)^2}.$$

但是,我们有

$$\iint_D f(x,y)\mathrm{d}x\mathrm{d}y \neq \int_0^{c_0} s(c)\mathrm{d}c.$$

不妨假设 $f(x,y)\equiv 1$,那么 $\iint_D \mathrm{d}x\mathrm{d}y$ 就是 D 的面积,$s(c)$ 就是曲线的长度.如果 $\int_0^{c_0} s(c)\mathrm{d}c$ 也给出同样的面积,就会出现矛盾.因为我们可以保持边界长度不变而改变曲线所围图形的面积的大小.然而,我们可以换一个角度,得到一个正确的公式.事实上,如前面所说,计算面积有很多方式,不同的分割方式代表不同的坐标系下求面积的方法.这里我们用一种类似于极坐标的方式.用函数值 c 和相应的闭曲线的弧长 l 为参数.设 c 的变化范围是 $[a,b]$,那么对于每个 c,都有相应的 $l=l(c)$.我们计算积分

$$\int_a^b l(c)\mathrm{d}c = \int_a^b \int_0^{l(c)} \mathrm{d}l \wedge \mathrm{d}c,$$

这是新坐标系对应下的图形面积.下面我们进行一个有趣的步骤,即计算 $\mathrm{d}l \wedge \mathrm{d}c$.由 $g(x,y)=c$ 有

$$\mathrm{d}c = g_x \mathrm{d}x + g_y \mathrm{d}y, \quad \mathrm{d}l = \sqrt{(\mathrm{d}x)^2 + (\mathrm{d}y)^2} = \sqrt{1 + \left(\frac{\mathrm{d}y}{\mathrm{d}x}\right)^2}\mathrm{d}x.$$

而当 c 固定时,有

$$\mathrm{d}c = g_x \mathrm{d}x + g_y \mathrm{d}y = 0,$$

从而 $\dfrac{\mathrm{d}y}{\mathrm{d}x} = -\dfrac{g_x}{g_y}$.因此有

$$\mathrm{d}l = \sqrt{1 + \left(-\frac{g_x}{g_y}\right)^2}\mathrm{d}x = \frac{1}{g_y}\sqrt{(g_x)^2 + (g_y)^2}\mathrm{d}x,$$

从而
$$dl \wedge dc = \frac{1}{g_y}\sqrt{(g_x)^2+(g_y)^2}\,dx \wedge (g_x dx + g_y dy) = \sqrt{(g_x)^2+(g_y)^2}\,dx \wedge dy.$$
这样就得到了
$$\int_a^b l(c)\,dc = \int_a^b \int_0^{l(c)} dl \wedge dc = \iint_D \sqrt{(g_x)^2+(g_y)^2}\,dx \wedge dy.$$
另外,如果 x 和 y 可以用 l 和 c 表示,有
$$\frac{1}{\sqrt{(g_x)^2+(g_y)^2}}\,dl \wedge dc = dx \wedge dy,$$
从而
$$\iint_D dx \wedge dy = \int_a^b \int_0^{l(c)} \frac{1}{\sqrt{(g_x)^2+(g_y)^2}}\,dl \wedge dc.$$
这是闭曲线围成的面积的新的计算方法. 对于二重积分,就有
$$\iint_D f(x,y)\,dx \wedge dy = \int_a^b \int_0^{l(c)} \frac{f(x(l,c),y(l,c))}{\sqrt{(g_x)^2+(g_y)^2}}\,dl \wedge dc.$$
下面举一个简单的例子来说明上述计算. 设 $g(x,y)=x^2+y^2=1$. 取 $g(x,y)=c$,则 $l(c)=2\pi\sqrt{c}$,c 的变化范围是 $[0,1]$,那么
$$\int_0^1 l(c)\,dc = 2\pi \int_0^1 \sqrt{c}\,dc = \frac{4\pi}{3},$$
$$\iint_D \sqrt{(g_x)^2+(g_y)^2}\,dx \wedge dy = 2\iint_D \sqrt{x^2+y^2}\,dx \wedge dy = 4\pi \int_0^1 r^2\,dr = \frac{4\pi}{3}.$$
这两个积分相等.

如果考虑定义在整个平面上的二元函数 $f(x,y)$,$f \geq 0$,它的等高线为
$$f^{-1}(c) = \{(x,y):f(x,y)=c\},$$
当 c 从 0 变到 $+\infty$ 时,等高线扫过整个平面,那么有
$$\int_{\mathbf{R}^2} (f_x^2+f_y^2)^{\frac{1}{2}}\,dxdy = \int_0^{+\infty} L(f^{-1}(c))\,dc,$$
这里 $L(f^{-1}(c))$ 是等高线的长度.

2 有理数的长度

前面我们利用过这样一个结论:$[0,1]$ 上全体有理数的长度是 0. 现在给出这个事实的证明. 首先要证明这些有理数是可以排成一列的. 因为有理数就是分数,分母固定的真分数是有限的,所以按照分母由小到大排列就可以给出 $[0,1]$ 上全体有理数的一个顺序,记作 $r_1, r_2, \cdots, r_n, \cdots$. 为了求它的长度,利用一些小区间把这些有理数都覆盖上,然后计算这些区间的长度和,我们知道这个有理数集合的长度要比覆盖集

合的长度小. 如果这些覆盖集合的长度趋近于 0, 那么有理数集的长度自然也是 0. 可以设覆盖 r_n 的区间的长度是 $\frac{\varepsilon}{2^n}$, 则全体覆盖区间的长度是 $\varepsilon\left(\frac{1}{2}+\cdots+\frac{1}{2^n}+\cdots\right)=\varepsilon$, 而 ε 是任意的正数, 令它趋于 0, 就得到了 $[0,1]$ 上全体有理数集合的长度是 0 的结论. 自然地也知道了 $[0,1]$ 上全体无理数的长度是 1.

3 区间分割、数的进位表示与一些有趣的集合

小数的表示是很有趣的, 它体现了极限的原则. 我们先看看二进制的表示方法. 把 $[0,1]$ 分成二等份, 左边用 0 表示, 右边用 1 表示, 如果一个小数落在左边, 它的第一位小数就是 0. 然后将左边的这个小区间分成二等份, 依然左边记成 0, 右边为 1. 若改小数落在右边的小区间, 则它的第二位小数是 1, 依次类推就得到了这个小数的二进位表示. 下面看三进位表示. 把区间分成三等份, 依次记左、中、右的小区间为 0, 1, 2. 若一个小数落在其中某个小区间上就知道这个小数的第一位是 0 或者 1 或者 2. 然后再将相应的那个小区间三等份, 得到第二位小数, 依次类推得到三进制表示. 同样地, 把区间分成 n 等份就给出了 n 进制表示.

现在构造一些有趣的数集. 如果在三进制表示中, 把 2 这个数字去掉的全体小数集合 A 是什么样子的? 首先, 这个集合的数与 $[0,1]$ 中的所有数是一样多的, 因为 $[0,1]$ 中全体数都可以用 0 和 1 这两个数字给出二进制的表示, 如果把 1 换成 2 就给出了集合 A. 现在从区间分割的角度研究这个集合 A, 由于它的三进制表示中没有数字 1, 说明它每次分割时候不会落在中间的小区间上. 因此这样的集合的长度是 $[0,1]$ 的长度减去所有的三份之后中间的小区间的长度和. 而这些长度的和就是 1, 也就说我们得到了 A 的长度是 0 的结论. 这个结果是令人吃惊的, 因为 A 所含的数的个数与 $[0,1]$ 中的数一样多, 但是它的长度却是 0. 这个集合 A 就是著名的 Cantor 集.

4 积分的又一种计算方法——Lebesgue 积分的计算与测度论的起源及其与概率论的联系

计算积分其实有无穷多种方法. 我们这里给出一种不同于以往的方式. 以前是设面积为 x 的函数, 新的方法是设面积是 y 的函数. 比如, 求 $y=x^2$ 下面的面积, 也就是积分 $\int_{-1}^{1} x^2 \, dx$. 假设 $S(y)$ 是 $y=0$ 到 $y=1$ 两直线之间夹着的图形的面积, 那么有

$$S(y+\Delta y)-S(y)=m\{x \mid y<x^2<y+\Delta y\}y$$
$$=(\sqrt{y+\Delta y}-\sqrt{y})y+(-\sqrt{y}+\sqrt{y+\Delta y})y$$
$$=2(\sqrt{y+\Delta y}-\sqrt{y})y=\frac{1}{\sqrt{y}}y\Delta y=\sqrt{y}\Delta y,$$

所以有 $S'(y)=\sqrt{y}$，即
$$S(y)=\frac{2}{3}y^{\frac{3}{2}},$$

从而有
$$\int_{-1}^{1} x^2\,\mathrm{d}x = \frac{2}{3}y^{\frac{3}{2}}\bigg|_0^1 = \frac{2}{3}.$$

这与直接计算积分的结果是一样的. 从定义的角度看，以前的方法是分割定义域，新的方法是分割值域.

从变量代换的角度考虑这个问题. 假设作变量代换 $y=f(x)$，即 $x=f^{-1}(y)$，相应的就要把 x 的区间分段. 另外，对 x 的积分转化成了对 y 的积分，自然要考虑分割 y 轴，这是引入 Lebesgue 积分思想的又一方式.

对二重积分也一样可以这样处理，即分割值域.

下面从概率的角度研究积分的问题，依然得到 Lebesgue 积分的思想. 我们设 X 是 $[0,1]$ 区间上均匀的随机变量，其密度自然是 1，我们要计算另一个随机变量 $Y=f(X)$ 的数学期望，即平均值 $E(Y)=\int_0^1 f(x)\mathrm{d}x$. 如果能知道 Y 自身的密度 $\rho(y)$，则有
$$E(Y) = \int y\rho(y)\mathrm{d}y.$$

此积分是在 y 的取值范围内进行的. 那么如何求 $\rho(y)$？根据密度的定义有
$$\rho(y)=\frac{P(y<f(x)\leqslant y+\mathrm{d}y)}{\mathrm{d}y},$$

因此要求解不等式 $y<f(x)\leqslant y+\mathrm{d}y$，得到 x 的区间. 例如，取 $f(x)=x^2$，解相应的不等式有
$$\rho(y)=\begin{cases} 0, & y<0, \\ \dfrac{1}{\sqrt{y}}, & 0\leqslant y\leqslant 1, \\ 0, & y>1, \end{cases}$$

因此有
$$E(y) = \int_0^1 x^2\,\mathrm{d}x = \int_0^1 y\,\frac{1}{\sqrt{y}}\mathrm{d}y = \int_0^1 \sqrt{y}\,\mathrm{d}y = \frac{2}{3}.$$

由此可以看到即使对于抛物线这样简单的函数，也有令人惊奇的地方，其函数值的密度在零点处是无穷大的！也许某些分析中（微分方程）遇到的奇点就是来源于这个原因.

另一个例子，取 Dirichlet 函数
$$y=f(x)=\begin{cases} 1, & x \text{ 为无理数,} \\ 0, & x \text{ 为有理数.} \end{cases}$$

我们知道 $p_1=P(y=1)=1, p_2=P(y=0)=0$，即有理数的测度为 0，无理数的测度为 1。随机取一点 x，它是有理数的概率为 0，是无理数的概率为 1。因此 Y 的平均值是

$$E(Y)=1\times p_1+0\times p_2=1,$$

即按照 Lebesgue 意义下，Dirichlet 函数的积分是 1。而按照 Riemann 的定义这个积分是不存在的。

由此可见，不同的分割方式（也就是不同的坐标系下）求积分的效果是不一样的，像 Lebesgue 这种方式可以扩大能够求积分的函数的范围。是否还有更好的方式呢？这是可以继续研究的问题。

分割 y 轴自然引入测度的概念，就是对于那些很复杂的集合，如有理数集合求出它们的长度，即测度。因为分割 y 轴时，我们要求出 x 的集合

$$E_y=\{x\,|\,y<f(x)\leqslant y+\mathrm{d}y\}$$

的长度，即测度 $m(E_y)$。这样的集合是由一些不相交的区间并成的，或者是一些非常特殊的点集构成的（如有理数或者无理数），因此需要建立这样的点集求长度的理论和方法，这就是测渡论的内容。这是通过覆盖和逼近的方式完成的。

Lebesgue 积分把多重积分直接化成单重积分。

下面利用测度的概念给出一个硬币是对称的定量描述。我们把对称的说法转化成两个数值的相等。事实上，可以假设硬币的正面向上记为 1，反面向上记为 0，这是一个随机变量 Y，只取这两个值。又假设硬币的结果是由若干参数决定的，如重力、手的力量、角度、空气的阻力和流动状况等，我们不妨设这些影响硬币的变量有 n 个，即 $Y=f(X_1,\cdots,X_n)$。那么，某些变量的值决定了 $Y=1$，另一些值决定了 $Y=0$。记

$$Q(\text{正})=Q(Y=1)=\{(x_1,\cdots,x_n)\,|\,f(x_1,\cdots,x_n)=1\},$$
$$Q(\text{反})=Q(Y=0)=\{(x_1,\cdots,x_n)\,|\,f(x_1,\cdots,x_n)=0\},$$

它们的测度分别是 $m(Q(\text{正}))$ 和 $m(Q(\text{反}))$。因此硬币是对称的是指这两个测度相等。

5 另一种分割 y 轴计算面积法——函数的层饼表示

上面介绍的 Lebesgue 方法也是分割 y 轴计算面积法。其要点是按照函数值 y 分割，然后找到高度一样的竖条，把这些竖条的宽度加起来再乘以 y，再对所有的 y 作和，就得到面积。下面给出另一种分割 y 轴的计算面积法。平行 x 轴画线，把图形分成若干层，计算每层的面积，然后加起来。假设每层的厚度是 $\mathrm{d}y$，因此需要知道的是每层的长度。仔细的观察发现，这个长度是由集合 $\{x\,|\,f(x)>y\}$ 的长度 $m(\{x\,|\,f(x)>y\})$ 决定的。因此每一层的面积是 $m(\{x\,|\,f(x)>y\})\mathrm{d}y$，把所有层加起来就得到了所求的面积，即

$$\int_A m(\{x \mid f(x) > y\}) \mathrm{d}y = \int_B f(x) \mathrm{d}x.$$

举个例子,设 $f(x)=x^2$. 用这个方法求 $\int_{-1}^{1} x^2 \mathrm{d}x = \frac{2}{3}$. 因为 $x \in [-1,1]$,所以 y 的取值范围是 $y \in [0,1]$. 那么

$$m(\{x \mid f(x) > y\}) = m(-1, -\sqrt{y}) + m(\sqrt{y}, 1) = 2(1-\sqrt{y}),$$

因此有

$$\int_{-1}^{1} x^2 \mathrm{d}x = \int_0^1 2(1-\sqrt{y}) \mathrm{d}y = 2 - \frac{4}{3} = \frac{2}{3}.$$

这个方法也给出了函数的一种表示方法. 设 $f(x)$ 是非负函数,记 $L(f,y) = \{x \mid f(x) > y\}$,示性函数 $1_{L(f,y)}(x) = 1, x \in L(f,y)$,其他时候是零,那么有

$$\begin{aligned}
f(x) &= \int_0^{f(x)} \mathrm{d}y \\
&= \int_0^{f(x)} 1_{L(f,y)}(x) \mathrm{d}y + \int_{f(x)}^{+\infty} 1_{L(f,y)}(x) \mathrm{d}y \\
&= \int_0^{f(x)} 1 \mathrm{d}y + \int_{f(x)}^{+\infty} 0 \mathrm{d}y \\
&= \int_0^{+\infty} 1_{L(f,y)}(x) \mathrm{d}y,
\end{aligned}$$

即

$$f(x) = \int_0^{+\infty} 1_{L(f,y)}(x) \mathrm{d}y,$$

这就是函数 $f(x)$ 的层饼表示. 上述的公式对于高维也是成立的.

第六讲 积分几何和等周不等式

根据美国 Rutgers 大学的 Simon Gindikin 教授的回忆,伟大的数学家 Gelfand I M 在 20 世纪 60 年代说过:表示论是数学的一切,从现在开始,积分几何是数学的一切.本讲里,我只讲述积分几何中最基本的部分,它来源于概率,并与几何学相结合,产生了对数学理论的新洞察和新理解.

1 一个几何概率问题

一个大圆圈 K_0 里有一个小圆圈 B,如果把一个硬币 D 随便地向大圆圈 A 里扔,问 D 与 B 相交的概率有多大?

如果问题换成:一个大圆圈 K_0 里有一个小圆圈 B,如果随便地向大圆圈 K_0 里扎,问扎到 B 的概率有多大? 这个问题容易解决,答案是 B 的面积比上 K_0 的面积. 其解法是:首先要给出如何度量扎在大圆 K_0 中点的多少,这里用的是 K_0 的面积,同样扎到 B 的点用 B 的面积度量,从而其比值就是概率.

现在我们的问题不是扎点,而是扔硬币,硬币不是一个点,那么如何去度量有多少硬币落到大圆圈 K_0 上? 这个问题解决了,概率就由比值确定了. 确定一个点的时候只需要两个坐标,由圆圈里的点就可以确定. 而确定一个硬币,用一个点是不够的,如硬币的圆心. 硬币还有另一个自由度,就是绕硬币的圆心旋转一个角度,因此确定一个硬币的位置需要三个参数,它们是圆心点的坐标和一个角度. 如果硬币的圆心在 K_0 内,那么硬币自然落在大圆上,但还有圆心在大圆外的一些区域也是可以的,即只要 D 的圆心到 K_0 的圆心的距离小于等于两个半径的和即可. 以 K_0 的圆心为圆心,以 $r_{K_0}+r_D$ 为半径的圆内的任何一点都可以是 D 的圆心,此时 D 必然与 K_0 相交,这个集合的面积是

$$\pi(r_{K_0}+r_D)^2 = \pi r_{K_0}^2 + \pi r_D^2 + 2\pi r_{K_0} r_D,$$

而硬币的旋转角度的范围是 2π,从而落在大圆 K_0 上的硬币的测度(数量)是

$$2\pi(\pi r_{K_0}^2 + \pi r_D^2) + 2\pi r_{K_0} \cdot 2\pi r_D = 2\pi(S_{K_0}+S_D) + L_{K_0}L_D,$$

这里 S_{K_0} 和 S_D 是面积, L_{K_0} 和 L_D 是周长. 由此知道相应的概率是

$$P = \frac{2\pi(S_B+S_D)+L_B L_D}{2\pi(S_{K_0}+S_D)+L_{K_0}L_D}. \tag{1}$$

公式(1)对于将 K_0 和 D 换成一般的凸集的情形也是成立,这就是积分几何中最基本的 Blaschke 公式. 下面要给出这个公式的一个初等的证明. 我的想法是这个公式对于一些特例是正确的,怎样看成对于一般情况也是正确的,这是一种归纳的方法,同

时也是严格的.

当 K_0 是一般凸集而 D 是圆周的情形,我们通过把 K_0 用凸多边形逼近的方法证明. 先看最基本的 K_0 是三角形的情形. 此时 D 落在 K_0 上对应于一个 D 的圆心的集合, 这个集合是由 D 与三角形外切的情况下, 沿着 K_0 的边界滑动一周, 则 D 的圆心轨迹所包围的集合. 我们算出这个集合的面积再乘以 2π 就是所要的测度. 由于三角形的三条边是直的, 所以硬币的圆心滚动的轨迹与三角形的边之间所形成的集合由两部分组成, 一种是三角形顶点处的旋转形成的扇形, 另一种是直角边上的滚动行成的矩形. 矩形部分的面积由三角形的周长乘以硬币的半径给出, 而顶点处的扇形面积主要看旋转的角度的总和. 在每个顶点处扇形的角度正好是该三角形顶角的补角, 因此三个顶点处扇形角度总和为 3π 减去三角形内角和, 因此等于 2π, 正好构成一个跟硬币一样的圆. 再考虑到每个硬币圆心固定时候的旋转, 就得到了公式(1). 对于四边形和多边形, 类似地讨论顶点处的扇形, 这个公式依然成立. 从而对于一般的凸区域 K_0 成立.

K_0 是一般凸集情况要困难一些, 但只要考察其困难的实质所在, 我们就可以得到对公式(1)的透彻理解. 在 D 是凸集的情况下依然先考虑 K_0 是三角形的情形. 此时难点在于 D 不是圆, 所以没有半径这个固定的量和圆心一起刻画它的位置. 任取 D 的边上一点 Q, 让 D 在三角形 K_0 的一个顶点处与 K_0 的一个直边外切, 切点是 Q, 切线就是这个边, 然后随便在 D 内取一点 P, 连接 P 点和切点 Q, 其长度是 R. 再过 P 点作切线的垂线, 则垂线长度记为 r. 现在让 D 沿着三角形的边移动并保持相切且 D 上的切点一直是 Q, 这样 P 点的轨迹所围的凸集的面积还是由两部分构成, 一是直边所形成的平行四边形, 另一个是顶点的扇形, 三个扇形的角度依然是 2π. 所以所求面积是 $S_{K_0} + \pi R^2(Q) + L_{K_0} r(Q)$, 它与前面的差别是这里的半径是 Q 的函数. 接下来对 Q 求积分, 就得到公式(1). 计算下面的积分, 应该有

$$S_A \oint_{\partial D} dQ + \pi \oint_{\partial D} R^2(Q) dQ + L_A \oint_{\partial D} r(Q) dQ$$
$$= S_{K_0} \int_0^{2\pi} d\theta + \pi \int_0^{2\pi} R^2(\theta) d\theta + L_{K_0} \int_0^{2\pi} r(\varphi) d\varphi$$
$$= 2\pi(S_{K_0} + S_D) + L_A L_D,$$

里面的三个积分需要分别计算. 第一个和第二个积分变量取的是 $PQ=R$ 和 x 轴的夹角 θ, 第三个积分变量取的是 r 和 x 轴的夹角 φ. 这里关键的是为什么前两个积分和第三个积分的变量不一样? 如何参数化 D 的边界, 以及微分 dQ 的形式到底应该是什么? 是对角度积分还是对弧长积分? 对不同的参数化积分的结果经常是不一样的, 如何给出一种不变的结果? 这是最关键的地方. 这里的计算虽然得到了正确的结果, 但是我没能找到恰当的理论根据. 下面我们严格地处理这个问题.

考虑打靶问题, 假设靶子是圆形的, 半径是 R, 靶心是个小圆, 其半径为 r. 假设子弹是个点, 子弹每次都打到靶上, 问打到靶心小圆上的概率是多少? 这个问题有两

种解法,一种方法是在直角坐标系中,将圆形区域表示成 $x^2+y^2 \leqslant R^2$,其所围成的面积是 πR^2,因此概率是两个圆面积之比 $\dfrac{r^2}{R^2}$.这个比值不依赖于坐标系的运动,也就是说,将坐标系平移和旋转,这个比值不变.事实上,由于直角坐标系的面积是对面积微元 $\mathrm{d}x \wedge \mathrm{d}y$ 积分得到的,只需看面积微元在坐标系运动下是否不变.假设坐标原点平移到 (a,b),接着逆时针旋转角度 φ,则新旧坐标之间的关系为

$$x'=x\cos\varphi-y\sin\varphi+a,$$
$$y'=x\sin\varphi+y\cos\varphi+b,$$

从而有 $\mathrm{d}x' \wedge \mathrm{d}y' = \mathrm{d}x \wedge \mathrm{d}y$,即面积微元不变,从而概率不变.

另一种方法是利用极坐标求解.用半径和角度表示一个圆形区域,大圆区域的半径变化范围是 $[0,R]$,角度的变化范围是 $[0,2\pi]$,因此对应于 (R,φ) 坐标系上的矩形区域,其面积是 $2\pi R$,同样小圆对应的面积是 $2\pi r$,由此得相应的概率为 $\dfrac{r}{R}$.这与第一种方法的结果是不一样的.问题出在哪里?出在 (R,φ) 坐标系的面积微元 $\mathrm{d}R \wedge \mathrm{d}\varphi$ 在运动变换下不是不变的.事实上,$R\mathrm{d}R \wedge \mathrm{d}\varphi$ 才是不变的.这件事告诉我们,在处理这类概率问题时,必须选取在运动下不变的面积微元,也就是说刻画运动几何体的参数空间中的面积元必须满足运动不变的条件.对于按点处理的子弹问题,它由两个参数可以确定,在直角坐标系下是 (x,y),面积微元也称为不变密度是 $\mathrm{d}x \wedge \mathrm{d}y$,在极坐标系下是 (R,φ),其不变密度是 $R\mathrm{d}R \wedge \mathrm{d}\varphi$.当子弹不是一个点,而是比如一个硬币的时候,我们该如何刻画这枚硬币的位置?下面专门处理这个问题.

2 平面上刚体的不变测度

平面上的一条曲线或者直线、一个线段、一个三角形、一个一般的图形都是刚体.刚体的特点在于将其平移和旋转的时候它不改变形状,因此不改变它的几何形状,例如,不改变其边长和面积.一枚硬币可以当成平面上的一个刚体,在硬币上随便固定一点 P,然后在 P 处画一个箭头,这样就刻画了硬币的位置.事实上,把靶子固定在一个直角坐标系中,把硬币扔在靶上的时候,观察 P 点的坐标和箭头的指向,就知道了这枚硬币的确切位置.箭头的指向用 x 轴按逆时针转向它的角度 θ 表示.因此刻画硬币的位置需要三个参数,一个是 P 点的坐标 (a,b),另一个是角度 θ.我们的目标是在三维的参数空间 (a,b,θ) 上找到不变的体积微元 $\rho(a,b,\theta)\mathrm{d}a \wedge \mathrm{d}b \wedge \mathrm{d}\theta$.开始时把硬币的 P 点放在直角坐标系的原点,而箭头与 x 轴正向重合.那么扔硬币就等价于平面直角坐标系的运动,此时参数 (a,b,θ) 就对应于新坐标系的原点坐标和旋转的角度.当原始的坐标系改变的时候,相应地,硬币的参数也发生了改变.如果坐标原点平移到 (a_0,b_0),旋转了 θ_0 角度,则由 (a,b,θ) 到 (a',b',θ') 变换关系为

$$a' = a\cos\theta_0 - b\sin\theta_0 + a_0,$$
$$b' = a\sin\theta_0 + b\cos\theta_0 + b_0,$$
$$\theta' = \theta + \theta_0,$$

有 $da' \wedge db' \wedge d\theta' = da \wedge db \wedge d\theta$，从而取 $\rho(a,b,\theta)=1$ 即可. 那么求上面的几何概率问题就归结为求硬币 D 和 K_0 相交的测度，然后取比值即可. 而 D 和 K_0 相交的测度就归结为求积分

$$\int_{D \cap K_0 \neq \emptyset} dP \wedge d\theta = \int_{D \cap K_0 \neq \emptyset} da \wedge db \wedge d\theta.$$

这是三重积分，代表的是参数空间的一个区域的体积. 累次积分的几何意义是按照一个轴的方向将这个体积进行切片，然后对切片的面积进行一次积分. 一个自然的做法是沿着角度的方向切片，得到截面面积，再对角度积分. 直观上这种做法最自然，因为我们可以先考虑硬币上箭头方向 θ 是在固定的情况下所有与 K_0 相交的位置，然后对 θ 从 0 到 2π 的每一个值都这样做，就得到了所有与 K_0 相交的硬币的位置，这正是上述的积分. 沿着 K_0 的边界的每一点都有一个 θ 固定的硬币与 K_0 外切，此时所有这些外切的硬币上面的那个固定的点 P 就形成一个封闭的凸曲线 C，当 P 在这个凸曲线所围成的凸集内时，硬币一定与 K_0 相交，而 P 在这个凸曲线所围成的凸集外面时，硬币一定与 K_0 不相交. 因此这个凸集的面积就是角度为 θ 的情况下所有与 K_0 相交的位置测度. 我们的任务因此变成去求这个凸集的面积了.

3 凸集的支撑函数和几何概率问题的解

对于平面上一个凸集，如果已知其边界曲线的参数表示，通过对积分就可以得到面积. 有很多种方法参数化边界曲线，上面的问题当中，曲线 C 是通过硬币保持方向并与 K_0 的边界上的每一点相切形成的，这提示我们找到一种刻画曲线 C 的方式，进而求得其面积. 一种有效的方法就是将边界曲线看成是其切线转动所形成的，因此用切线来表示曲线.

设 O 为平面坐标系的原点，将 O 取在凸集的内部，凸集的边界点上的切线设为 l，并设切线 l 与 x 轴正向的夹角为 θ，过原点 O 到切线 l 作垂线，与 l 的交点为 Q，O 到切线 l 距离为 p，则凸集的边界曲线可以表示为 $p = p(\theta)$，称为凸集的支撑函数，它是周期函数. 同时切线 l 可以用参数 p 和 θ 表示. 事实上，设 (x,y) 是切线 l 上的点，而 Q 的坐标为 $(p\cos\theta, p\sin\theta)$，根据点 (x,y) 与点 Q 的差向量与向量 OQ 垂直，即内积是零，有

$$(p\cos\theta, p\sin\theta) \cdot (x - p\cos\theta, y - p\sin\theta) = 0,$$

化简为

$$x\cos\theta + y\sin\theta = p(\theta), \tag{2}$$

这就是切线 l 的方程. 当切线改变的时候, 角度 θ 和原点到切线的距离 p 都发生变化, 当 θ 转过 2π 时, 就得到所有的边界切线. 这些切线的连续转动正好包络出凸集的边界曲线. 因此假设知道了所有切线, 那么就可以求出所包络的曲线来. 其原理是每个切点是由该处的切线 l 和 l 的一个无穷小转动相交得到的. 将 l 无穷小转动一下, 就得到

$$x\cos(\theta+\mathrm{d}\theta)+y\sin(\theta+\mathrm{d}\theta)=p(\theta+\mathrm{d}\theta). \tag{3}$$

因此求这两个切线的交点就是解这两个方程(2)和(3). 用方程(3)减去方程(2)在两边除以微分 $\mathrm{d}\theta$ 就得

$$-x\sin\theta+y\cos\theta=p'(\theta). \tag{4}$$

解方程(2)和方程(4)得交点的坐标为, 即凸集边界曲线的参数方程为

$$x=p\cos\theta-p'\sin\theta, \quad y=p\sin\theta+p'\cos\theta. \tag{5}$$

因此凸集的面积为

$$S=\frac{1}{2}\oint x\mathrm{d}y-y\mathrm{d}x=\frac{1}{2}\int_0^{2\pi}(p^2-p'^2)\mathrm{d}\theta. \tag{6}$$

同时利用支撑函数, 可以得到凸集边界的周长. 由参数方程(5)知,

$$\mathrm{d}x=(p+p'')\cos\theta\mathrm{d}\theta, \quad \mathrm{d}y=-(p+p'')\sin\theta\mathrm{d}\theta,$$

所以凸集边界曲线的弧长微分为

$$\mathrm{d}s=\sqrt{(\mathrm{d}x)^2+(\mathrm{d}y)^2}=(p+p'')\mathrm{d}\theta,$$

从而周长为

$$L=\int_0^{2\pi}(p+p'')\mathrm{d}\theta=\int_0^{2\pi}p\mathrm{d}\theta.$$

现在求前面的曲线 C 所围成的凸集的面积. 在 K_0 内取一点 O 作为坐标系原点, 并设相对于 O 点凸集的支撑函数是 $p_1(\varphi)$. 由于硬币 D 与区域 K_0 保持边界相切, 因此在切点有共同的切线, 那么对于硬币内的点 P, 硬币的支撑函数设为 p_2, 那么对于这个相同的切线, 支撑函数的取值是 $p_2(\varphi+\pi)$. 当硬币保持方向与 K_0 相切转动时, P 点所形成的轨迹 C 所围的凸集相对于 O 点的支撑函数为这两个支撑函数的和, 即为

$$p(\varphi)=p_1(\varphi)+p_2(\varphi+\pi).$$

利用面积公式(6)有 C 所围成的凸集面积为

$$\begin{aligned}S(\theta)&=\frac{1}{2}\int_0^{2\pi}(p^2-p'^2)\mathrm{d}\varphi\\&=\frac{1}{2}\int_0^{2\pi}(p_1^2(\varphi)-p_1'^2(\varphi))\mathrm{d}\varphi+\frac{1}{2}\int_0^{2\pi}(p_2^2(\varphi+\pi)-p_2'^2(\varphi+\pi))\mathrm{d}\varphi\\&\quad+\frac{1}{2}\int_0^{2\pi}(p_1(\varphi)p_2(\varphi+\pi)-p_1'(\varphi+\pi))\mathrm{d}\varphi.\end{aligned}$$

上式右边前两个积分分别是区域 K_0 和硬币 D 的面积 S_{K_0} 和 S_D，第三个积分需要单独考虑. 通过一次分部积分，有

$$\int_0^{2\pi} (p_1(\varphi)p_2(\varphi+\pi) - p'_1(\varphi)p'_2(\varphi+\pi))\mathrm{d}\varphi$$

$$= \int_0^{2\pi} p_2(\varphi+\pi)(p_1(\varphi) + p''_1(\varphi))\mathrm{d}\varphi$$

$$= \int_0^{2\pi} p_2(\varphi+\pi)\mathrm{d}s_1,$$

这里 s_1 是区域 K_0 边界曲线的弧长参数. 这里硬币的支撑函数 $p_2(\varphi+\pi)$ 与硬币初始的角度 θ 有关，要改写成 $p_2(\varphi+\pi,\theta)$. 固定第一个变量，然后让 θ 从 0 变到 2π，这相当于固定 K_0 边界上的一点再转动硬币一圈始终保持在这点相切. 因此最后对 θ 积分，就有

$$\int_0^{2\pi} p_2(\varphi+\pi,\theta)\,\mathrm{d}\theta = L_D.$$

又利用

$$\int_0^{2\pi} \mathrm{d}s_1 = L_{K_0},$$

我们最终得到硬币 D 与区域 K_0 的位置测度是

$$\int_0^{2\pi} S(\theta)\mathrm{d}\theta = 2\pi(S_{K_0} + S_D) + L_{K_0}L_D. \tag{7}$$

这是 Blaschke 公式的一个特殊情况. 这个公式是对于一般的凸形状的硬币 D 与区域 K_0 都成立，只要它们的边界是光滑的.

4　另一个几何概率问题和 Poincaré 运动公式

平面上有一条固定一个大圆，里面有一个小圆，随机地画一条直线与大圆相交，问与小圆相交的概率是多少？如果随机画的不是直线而是曲线，如抛物线，那么同样的问题如何回答？

我们需要知道的是，如何刻画有多少直线与圆相交. 同前面一样，要找到刻画直线位置的参数，找到不变密度，然后积分就行了. 不同参数的选择将对问题解答的深度或者对问题的洞察带来影响. 这里我们用两种不同的参数刻画直线的位置，进而得到不同用途的公式.

第一种方法是用前面支撑函数那里的参数 p 和 θ 刻画直线位置，其中 p 是原点到直线的距离，θ 是直线与 x 轴正向的夹角. 不变密度是 $\mathrm{d}p \wedge \mathrm{d}\theta$. 事实上，当坐标系运动时，例如，原点平移到 (a,b) 再逆时针旋转 φ_0 角度，此时 p 和 θ 分别变成 p' 和 θ'，变换关系为

$$p' = p - a\cos\varphi_0 - b\sin\varphi_0,$$
$$\theta' = \theta - \varphi_0,$$

从而有 $\mathrm{d}p' \wedge \mathrm{d}\theta' = \mathrm{d}p \wedge \mathrm{d}\theta$.

有了上述参数表示和不变密度,就可以求出与一个固定的凸集相交的直线的测度. 不妨将坐标原点选在凸集内部,$p=p(\theta)$ 是凸集的支撑函数. 现在先固定 θ,那么与凸集相交的直线必须满足原点到它的距离要小于等于到这个方向凸集边界上切线的距离 $p(\theta)$,然后对 θ 积分就得到了所有与凸集相交的直线的测度,即

$$\int_0^{2\pi}\int_0^{p(\theta)} \mathrm{d}p \wedge \mathrm{d}\theta = \int_0^{2\pi} p(\theta)\mathrm{d}\theta = L,$$

也就是说与凸集相交的直线的测度等于凸集的周长.

第二种方法是利用直线与曲线交点处的弧长 s,以及该点处曲线的切线和直线的夹角 φ 为参数刻画直线的位置. 首先,设直线 l 到原点的距离为 p,与 x 轴正向的夹角为 θ. 其次,设曲线 C 与直线 l 的交点坐标为 $(x(s),y(s))$,其中 s 是曲线 C 的弧长参数,可以从一个起点量起. 在此交点处曲线 C 的切线是 l_0,它与直线 l 的夹角为 φ,与 x 轴正向的夹角为 α,从而 $\mathrm{d}x = \cos\alpha \mathrm{d}s, \mathrm{d}y = \sin\alpha \mathrm{d}s$. 注意 α 是曲线的切线决定的,因此只是弧长 s 的函数. 由于交点 $(x(s),y(s))$ 在直线 l 上,根据公式 (2),有 $x\cos\theta + y\sin\theta = p$,因此有

$$\begin{aligned}\mathrm{d}p &= \mathrm{d}x\cos\theta + \mathrm{d}y\sin\theta + (y\cos\theta - x\sin\theta)\mathrm{d}\theta\\&= (\cos\alpha\cos\theta + \sin\alpha\sin\theta)\mathrm{d}s + (y\cos\theta - x\sin\theta)\mathrm{d}\theta\\&= \cos(\theta - \alpha)\mathrm{d}s + (y\cos\theta - x\sin\theta)\mathrm{d}\theta,\end{aligned}$$

由此得

$$\mathrm{d}p \wedge \mathrm{d}\theta = \cos(\theta - \alpha)\mathrm{d}s \wedge \mathrm{d}\theta.$$

再根据两条直线 l_0 和 l 与 x 轴形成的三角形的三个角分别是 φ, α 以及 $\frac{\pi}{2} - \theta$,它们的和是 π,知 $\theta = \alpha + \varphi - \frac{\pi}{2}$,从而有 $\mathrm{d}\theta = \alpha'(s)\mathrm{d}s + \mathrm{d}\varphi$,于是

$$\mathrm{d}p \wedge \mathrm{d}\theta = \cos\left(\varphi - \frac{\pi}{2}\right)\mathrm{d}s \wedge \mathrm{d}\varphi = \sin\varphi \mathrm{d}s \wedge \mathrm{d}\varphi.$$

这就是用交点处弧长和角度表示的与曲线 C 相交的直线 l 的密度. 注意到 φ 的变化范围是 0 到 π,因此 $\sin\varphi$ 是非负的,这样得到的密度也是非负的,如果考虑的是两个曲线的相交,那么 φ 的变化范围将是 0 到 2π,因此 $\sin\varphi$ 不是非负的,这样为了得到的密度也是非负的,就要取绝对值,即

$$\mathrm{d}p \wedge \mathrm{d}\theta = |\sin\varphi|\mathrm{d}s \wedge \mathrm{d}\varphi.$$

利用这个密度公式直接积分计算与曲线 C 相交的直线 l 的测度得不到正确的结果. 直接积分右边有

$$\int_0^{L(C)}\mathrm{d}s\int_0^\pi \sin\varphi \mathrm{d}\varphi = 2L(C),$$

而前面已经知道积分左边得到的是

$$\int \mathrm{d}p \wedge \mathrm{d}\theta = L(C).$$

那么多出的因子 2 是怎么回事？事实上,这来源于用交点处的弧长和夹角表示的方法要考虑到一根直线与凸集相交的时候一般的情况都是交于两点,因此在积分右边的时候,已经包含了对两个点的积分,因此会多出一个因子 2. 也就是说,要想得到正确的结果,必须在左边把交点数考虑进去,有

$$\int_{l\cap C\neq\varnothing} n(l\cap C)\mathrm{d}p\wedge\mathrm{d}\theta=\int_0^{L(C)}\mathrm{d}s\int_0^\pi\sin\varphi\mathrm{d}\varphi=2L(C),$$

这里 $n(l\cap C)$ 表示交点的个数. 对凸集来说,这个交点数是 2,因此左右两边的 2 约掉之后就得到了以前的结果.

如果考虑的是随便画一曲线 C_1,那么它与 C 相交的测度是多少？这就比直线的情况复要杂. Poincaré 的做法是依然用两个曲线交点处的弧长和切线的夹角作为参数刻画曲线的位置. 这时候需要三个参数,两条曲线的弧长和夹角. 因为曲线可以作为刚体,刚体的不变密度由刚体上一定点的坐标和一个方向角刻画. 所以只需要把这两组参数之间的关系找到就可以自然地得到新参数下不变密度的表示. 设固定坐标系为 xOy,曲线 C 是固定的,它的弧长参数表示为 $(x(s_1),y(s_1))$. 活动坐标系为 XOY,曲线 C_1 固定在动坐标系中,它在 XOY 中的弧长参数表示为 $(X(s_2),Y(s_2))$. 设 O 点在固定坐标系 xOy 中的坐标为 (a,b), X 轴的正向与 x 轴的正向夹角为 θ. 又设曲线 C 和 C_1 的交点 $(x(s_1),y(s_1))$ 处切线 l 和 l_1 的夹角为 φ,切线 l 和 x 轴的夹角为 α,切线 l_1 和 X 轴的夹角为 β,这四个角之间的关系是 $\varphi=\alpha-\beta-\theta$,从而

$$\mathrm{d}\varphi=\alpha'(s_1)\mathrm{d}s_1-\beta'(s_2)\mathrm{d}s_2-\mathrm{d}\theta.$$

注意这后面两个角都分别只是各自的弧长的函数. 现在有

$$\mathrm{d}x=\cos\alpha\mathrm{d}s_1,\quad \mathrm{d}y=\sin\alpha\mathrm{d}s_1,$$
$$\mathrm{d}X=\cos\beta\mathrm{d}s_2,\quad \mathrm{d}Y=\sin\beta\mathrm{d}s_2.$$

又交点坐标为

$$x(s_1)=a+X(s_2)\cos\theta-Y(s_2)\sin\theta,$$
$$y(s_1)=b+X(s_2)\sin\theta+Y(s_2)\cos\theta.$$

为了求出 $\mathrm{d}a\wedge\mathrm{d}b\wedge\mathrm{d}\theta$ 与 $\mathrm{d}s_1\wedge\mathrm{d}s_2\wedge\mathrm{d}\varphi$ 之间的关系,微分上式并利用前面的微分关系有

$$\mathrm{d}a=\cos\alpha\mathrm{d}s_1-\cos(\beta+\theta)\mathrm{d}s_2+(X\sin\theta+Y\cos\theta)\mathrm{d}\theta,$$
$$\mathrm{d}b=\sin\alpha\mathrm{d}s_1-\sin(\beta+\theta)\mathrm{d}s_2-(X\cos\theta-Y\sin\theta)\mathrm{d}\theta,$$

由此得(为了保证密度是非负的,取了绝对值)

$$\mathrm{d}a\wedge\mathrm{d}b\wedge\mathrm{d}\theta=|\sin(\alpha-\beta-\theta)|\mathrm{d}s_1\wedge\mathrm{d}s_2\wedge\mathrm{d}\theta.$$

进一步利用前面的关系,有

$$\mathrm{d}a\wedge\mathrm{d}b\wedge\mathrm{d}\theta=|\sin\varphi|\mathrm{d}s_1\wedge\mathrm{d}s_2\wedge\mathrm{d}\varphi,$$

这里 φ 的变化范围将是 0 到 2π. 必须注意到这个密度用的是交点处的参数,因此同一个曲线位置的位置 (a,b,θ) 可能对应有不止一个交点 (s_1,s_2,φ),积分时就要把交点数考虑进去,从而有

$$\int_{C\cap C_1\neq\varnothing} n(C\cap C_1)\mathrm{d}a\wedge\mathrm{d}b\wedge\mathrm{d}\theta = \int_0^{L(C)}\mathrm{d}s_1\int_0^{L(C_1)}\mathrm{d}s_2\int_0^{2\pi}|\sin\varphi|\mathrm{d}\varphi$$
$$=4L(C)L(C_1). \tag{8}$$

这就是 Poincaré 运动公式. 利用这个公式和前面的 Blaschke 公式可以证明等周不等式和其加强形式的 Bonnesen 型不等式.

上式左边的交点数可以分成偶数和奇数. 当两个曲线都是凸曲线的时候, 在一般情况相交时交点数应该是偶数, 奇数个交点对应于有相切的情况, 而相切情况的概率是零. 例如, 考虑直线和圆相切的情况, 将圆心取作坐标原点, 则原点到直线的距离必须等于半径的情况下才与圆相切, 这时候 p 是常数, 其微分为零, 所以密度为零. 对于一般的闭凸曲线, 相切的情况对应于 p 是 θ 的单值函数, 因此 $\mathrm{d}p\wedge\mathrm{d}\theta = p'(\theta)\mathrm{d}\theta\wedge\mathrm{d}\theta=0$, 即密度依然是零. 直观上就是相切的情形对应于二维参数空间的一条线, 而不是一片, 所以面积是零. 这个结论下面将要用到.

5　Bonnesen 型等周不等式

经典的等周不等式是说, 在周长相等的闭曲线中, 圆的面积最大. 定量的说法是 $L^2-4\pi S\geqslant 0$. Bonnesen 不等式给出了差 $L^2-4\pi S$ 的界, 因此比经典的等周不等式要强.

考虑两个一样的凸集, 面积是 S, 周长是 L, 其中一个固定, 记为 K_0, 另一个运动, 记为 D. 因为这两个凸集是一样的, 所以不能有一个包含在另一个当中的情况. 因此它们相交的时候, 边界一定相交. 设 μ_n 表示边界相交于 n 个点时 D 的位置测度. 由前面的讨论知, 奇数个交点的情形对应于相切, 因此测度是零, 同时也没有 0 个交点的情况, 从而我们只需要考虑偶数情况. 由 Blaschke 公式(7)和 Poincaré 公式(8)有

$$4\pi S + L^2 = \mu_2 + \mu_4 + \mu_6 + \cdots,$$
$$4L^2 = 2\mu_2 + 4\mu_4 + 6\mu_6 + \cdots.$$

后面这个公式除以 2 在减去第一个公式, 就得到
$$L^2 - 4\pi S = \mu_4 + 2\mu_6 + 3\mu_8 + \cdots. \tag{9}$$
因为每个 μ_n 都大于等于零, 所以上式大于等于零, 这就是经典的等周不等式
$$L^2 - 4\pi S \geqslant 0. \tag{10}$$

把上述方法用于不同的凸集, 就可以得到加强的等周不等式. 考虑一个有界凸集, 面积是 S, 周长是 L, 记为 K_0, 它的内接圆半径是 R_1, 外切圆的半径是 R_2. 另一个运动的凸集是圆, 记为 D, 其半径为 r 满足 $R_1\leqslant r\leqslant R_2$. 这样的要求是为了保证 D 与 K_0 相交的时候它们不会互相包含在对方的内部, 因此一定边界相交. 依然设 μ_n 表示边界相交于 n 个点时 D 的位置测度. 由前面的讨论知, 奇数个交点的情形对应于相

切,因此测度是零,同时也没有 0 个交点的情况,从而我们只需要考虑偶数情况. 由 Blaschke 公式(7)和 Poincaré 公式(8)有

$$2\pi S + 2\pi^2 r^2 + 2\pi rL = \mu_2 + \mu_4 + \mu_6 + \cdots,$$

$$8\pi rL = 2\mu_2 + 4\mu_4 + 6\mu_6 + \cdots.$$

后面这个公式除以 2 在减去第一个公式,就得到

$$2\pi(rL - S - r^2) = \mu_4 + 2\mu_6 + 3\mu_8 + \cdots. \tag{11}$$

因为每个 μ_n 都大于等于零,所以式(11)大于等于零,这就是 Bonnesen 型等周不等式

$$rL - S - r^2 \geqslant 0. \tag{12}$$

在公式(11)中,分别取 $r = R_1$ 和 $r = R_2$,并记右边相应的为 ρ_1 和 ρ_2,并将左面变形为

$$2\pi(rL - S - r^2) = \frac{L^2}{4\pi} - S - \pi\left(\frac{L}{2\pi} - r\right)^2,$$

就有

$$\frac{L^2}{4\pi} - S - \pi\left(\frac{L}{2\pi} - R_1\right)^2 = \rho_1, \quad \frac{L^2}{4\pi} - S - \pi\left(\frac{L}{2\pi} - R_2\right)^2 = \rho_2.$$

将这两个式子相加再除以 2,就得到

$$\frac{L^2}{4\pi} - S = \frac{1}{2}\left[\pi\left(\frac{L}{2\pi} - R_1\right)^2 + \pi\left(\frac{L}{2\pi} - R_2\right)^2 + \rho_1 + \rho_2\right],$$

由此推出更强的不等式

$$L^2 - 4\pi S \geqslant \frac{1}{2}[(L - 2\pi R_1)^2 + (L - 2\pi R_2)^2] \tag{13}$$

和$\left(\text{利用不等式 } x^2 + y^2 \geqslant \frac{1}{2}(x+y)^2\right)$

$$L^2 - 4\pi S \geqslant \pi^2(R_2 - R_1)^2, \tag{14}$$

由这个不等式知,要想左边是零,一定有 $R_1 = R_2$,即内接圆和外切圆相等,由此知 K_0 是圆. 这就是经典等周不等式的几何意义:周长给定时圆的面积最大;面积给定时圆的周长最小.

当 K_0 不是圆的时候,一定有 $L^2 - 4\pi S > 0$,根据公式(9)知,一定有

$$\mu_4 + 2\mu_6 + 3\mu_8 + \cdots = L^2 - 4\pi S > 0,$$

这说明必有 D 的位置使得边界至少交于四点,且这样的位置的测度是大于零的.

问题 1 一个区域由圆外面接一个线段组成,问随机的一条直线与这个区域相交的测度是多少? 注意这个区域不是凸的了.

问题 2 对于非凸的硬币,前面几何概率问题如何求解?

问题 3 在单位球面上任取 n 个点,问恰 m 个点被包围在一个半径为 r 的小球冠内的概率是多少? 如果每次在单位球上取大圆,当恰有 m 个交点聚在一个半径为 r 的小球冠时,停止取大圆. 问取 n 个大圆时发生这件事的概率是多少? 特别需

要注意的是这个小球冠不是固定位置的.把随机的大圆换成圆弧带会怎样？

注 这最后一个问题是我从一个实际问题中抽象出来的.它有许多个变种.例如,把单位球换成一个圆盘,在里面随机取 n 个点,问恰有 m 个点被包围在一个半径为 r 的小圆内的概率是多少？1990 年毕业前后,我有一次看到《数学的实践与认识》1983 年第 2 期上有个问题征解,是当时中国科学院应用数学研究所的成平教授提出的,如下：在制作钢材过程中,要使用一个金属球,每次使用时此球与钢材接触,摩擦面是以大圆为中心,宽为 d 的圆弧带.原来涉及金属球是固定的,此时钢球使用 m 次就报废了.现改为球的位置不固定,每次使用都是随机地放入,因此每次与钢材接触的位置都是随机的.现设想球上任一点,与钢材摩擦 m 次就报废,问改革后金属球平均使用几次才报废？使用次数作随机变量,其分布是什么？我认为这个问题本质上是个几何概率问题,可以用积分几何的方法求解.

第七讲 等周不等式和测度集中

1 Brunn-Minkowski 不等式和 Prekopa-Leindler 不等式

下面我们的目标是测度集中,它说的是对于高维的球体,体积集中在球面附近,且由此得到令人惊奇的结果:高维球上的变化不是很大的函数几乎是常数.从几何上可以理解这个现象,但是严格的证明这些结果是不容易的.我们将给出两个方法,其一是利用球面上的等周不等式,其二是利用高维 Gauss 随机变量的方法给出一个直接的证明.对于第一种处理方式,会面对几个重要的不等式,它们有着独立的意义,且与求面积、体积的问题紧密相关.第一个就是 Brunn-Minkowski(BM)不等式,它考虑的是两个集合相加后的体积与两个体积的和的关系.BM 不等式说:和的体积大于等于体积的和.

设 A,B 是实数轴上的两个集合,定义二者的加为 $A+B=\{a+b\,|\,a\in A, b\in B\}$. 那么有如下的 BM 不等式

$$V(A+B)\geqslant V(A)+V(B),$$

事实上,由于通过平移 A 和 B 时候不改变它们的长度,因此可以通过平移把 A 和 B 分别移到原点的左右两侧,并且让二者的交集就是原点.那么 $A+B\supset A\cup B$,因此有 $V(A+B)\geqslant V(A)+V(B)$,这里 V 表示相应集合的长度.进一步地,取

$$A=(1-\lambda)X, \quad B=\lambda Y,$$

得到常用的一维 BM 不等式

$$V((1-\lambda)X+\lambda Y)\geqslant (1-\lambda)V(X)+\lambda V(Y),$$

这里 $0<\lambda<1$. 由此导出下面的不等式.

一维 Prekopa-Leindler(PL)不等式 设 f,g,h 是实数轴 $\mathbf{R}$ 上的三个大于等于零的函数,且满足

$$h((1-\lambda)x+\lambda y)\geqslant f^{1-\lambda}(x)g^{\lambda}(y),$$

则有 PL 不等式:

$$\int_{-\infty}^{+\infty}h(x)\,\mathrm{d}x \geqslant \left(\int_{-\infty}^{+\infty}f(x)\,\mathrm{d}x\right)^{1-\lambda}\left(\int_{-\infty}^{+\infty}g(y)\,\mathrm{d}y\right)^{\lambda}.$$

证明 我们的工具是利用第五讲第 5 节的公式 $\int_{A}m(\{x\,|\,f(x)>t\})\mathrm{d}t=\int_{B}f(x)\mathrm{d}x$, 其中记水平集为 $L(f,t)=\{x\,|\,f(x)>t\}$. 那么将积分问题转化成了水平集的长度之间的问题.事实上,设 $f(x)\geqslant t, g(y)\geqslant t$,则有

$$h((1-\lambda)x+\lambda y)\geqslant f^{1-\lambda}(x)g^{\lambda}(y)\geqslant t^{1-\lambda}t^{\lambda}=t,$$

这说明$(1-\lambda)x+\lambda y\in L(h,t)$. 这就证明了
$$L(h,t)\supset(1-\lambda)L(f,t)+\lambda L(g,t).$$
从而有长度之间的关系(第二个不等号利用了 BM 不等式)
$$m(L(h,t))\geqslant m((1-\lambda)L(f,t)+\lambda L(g,t))\geqslant(1-\lambda)m(L(f,t))+\lambda m(L(g,t)).$$
将上式两边对 t 积分,利用积分的水平集表示得到积分之间的关系
$$\int_{-\infty}^{+\infty}h(x)\,\mathrm{d}x\geqslant(1-\lambda)\int_{-\infty}^{+\infty}f(x)\,\mathrm{d}x+\lambda\int_{-\infty}^{+\infty}g(y)\,\mathrm{d}y,$$
再利用(根据对数函数 $\ln x$ 是凸函数)
$$(1-\lambda)a+\lambda b\geqslant a^{1-\lambda}b^{\lambda},$$
得
$$\int_{-\infty}^{+\infty}h(x)\,\mathrm{d}x\geqslant\left(\int_{-\infty}^{+\infty}f(x)\,\mathrm{d}x\right)^{1-\lambda}\left(\int_{-\infty}^{+\infty}g(y)\,\mathrm{d}y\right)^{\lambda}.$$

我们接着证明 n 维的 PL 不等式成立. 只需证明二维情形成立即可,其他可由归纳法推出.

二维 PL 不等式
$$\int_{\mathbf{R}^2}h(z)\mathrm{d}z\geqslant\left(\int_{\mathbf{R}^2}f(x)\mathrm{d}x\right)^{1-\lambda}\left(\int_{\mathbf{R}^2}g(y)\mathrm{d}y\right)^{\lambda},$$
其中 $h((1-\lambda)x+\lambda y)\geqslant f^{1-\lambda}(x)g^{\lambda}(y)$.

证明 令 $h_c(z)=h(z,c), f_a(x)=f(x,a), g_b(y)=g(y,b)$,以及 $c=(1-\lambda)a+\lambda b$. 则有
$$h_c((1-\lambda)x+\lambda y)=h((1-\lambda)x+\lambda y,$$
$$(1-\lambda)a+\lambda b)\geqslant f^{1-\lambda}(x,a)g^{\lambda}(y,b)=f_a^{1-\lambda}(x)g_b^{\lambda}(y),$$
从而由一维 PL 不等式有
$$\int_{\mathbf{R}}h_c(z)\mathrm{d}z\geqslant\left(\int_{\mathbf{R}}f_a(x)\mathrm{d}x\right)^{1-\lambda}\left(\int_{\mathbf{R}}g_b(y)\mathrm{d}y\right)^{\lambda}.$$
令 $H(c)=\int_{\mathbf{R}}h_c(z)\mathrm{d}z, F(a)=\int_{\mathbf{R}}f_a(x)\mathrm{d}x, G(b)=\int_{\mathbf{R}}g_b(y)\mathrm{d}y$,则上式意味着 $H(c)\geqslant F^{1-\lambda}(a)G^{\lambda}(b), c=(1-\lambda)a+\lambda b$. 再次利用一维 PL 不等式就得到二维 PL 不等式. 通过归纳就得到 n 维 PL 不等式.

由 n 维 PL 不等式,可以导出 n 维 BM 不等式
$$V((1-\lambda)X+\lambda Y)\geqslant V^{1-\lambda}(X)V^{\lambda}(Y),$$
这里 X,Y 是 n 维的集合,V 是 n 维体积. 证明的想法是把体积问题化成积分问题,利用 PL 不等式就得到结果了. 事实上,由 $V(X)=\int_{\mathbf{R}^n}1_X(x)\mathrm{d}x$ 表示 X 的 n 维体积知,只需令
$$h(z)=1_{(1-\lambda)X+\lambda Y}(z),\quad f(x)=1_X(x),\quad g(y)=1_Y(y),$$
则 BM 不等式等价于 PL 不等式. 这又只需满足条件

$$h((1-\lambda)x+\lambda y)\geqslant f^{1-\lambda}(x)g^{\lambda}(y).$$

下面证明这个条件是满足的. 事实上, 这个不等式条件的两边都是 0 或者 1, 因此只需证明右边是 1 的时候左边一定是 1 即可. 此时必有 $x\in X$ 且 $y\in Y$, 从而 $(1-\lambda)x+\lambda y\in(1-\lambda)X+\lambda Y$, 即左边也是 1. 这样就满足了 PL 不等式的条件. 因此证明了 BM 不等式.

BM 不等式的标准形式 $\quad V^{\frac{1}{n}}((1-\lambda)X+\lambda Y)\geqslant(1-\lambda)V^{\frac{1}{n}}(X)+\lambda V^{\frac{1}{n}}(Y).$

证明 令 $\lambda'=\dfrac{V^{\frac{1}{n}}(Y)}{V^{\frac{1}{n}}(X)+V^{\frac{1}{n}}(Y)}, X'=V^{-\frac{1}{n}}(X)X, Y'=V^{-\frac{1}{n}}(Y)Y$, 则有

$$1-\lambda'=\frac{V^{\frac{1}{n}}(X)}{V^{\frac{1}{n}}(X)+V^{\frac{1}{n}}(Y)},\quad V(X')=V^{-1}(X)V(X)=1,\quad V(Y')=1.$$

由 BM 不等式有

$$V((1-\lambda')X'+\lambda'Y')\geqslant V^{1-\lambda'}(X')V^{\lambda'}(Y')=1,$$

而

$$V((1-\lambda')X'+\lambda'Y')=V\left(\frac{X+Y}{V^{\frac{1}{n}}(X)+V^{\frac{1}{n}}(Y)}\right)=\left(\frac{1}{V^{\frac{1}{n}}(X)+V^{\frac{1}{n}}(Y)}\right)^{n}V(X+Y),$$

因此

$$\left(\frac{1}{V^{\frac{1}{n}}(X)+V^{\frac{1}{n}}(Y)}\right)^{n}V(X+Y)\geqslant 1,$$

即

$$V^{\frac{1}{n}}(X+Y)\geqslant V^{\frac{1}{n}}(X)+V^{\frac{1}{n}}(Y),$$

取 X 为 $(1-\lambda)X$, Y 为 λY, 就得到所证明的标准 BM 不等式.

2 等周不等式和索伯列夫不等式

给你一根绳子, 围一个封闭的场地, 问什么样的场地面积最大? 这是最简单的等周问题, 答案是圆形. 其证明并不简单. 如果将所围的场地设定为多边形, 如三角形、四边形、五边形诸如此类, 则证明是简单的, 答案是正多边形, 如等边三角形、正方形、正五边形等. 边数增加到无穷大时就是圆. 这件事情的本质是说: 给定边长的封闭曲线, 圆的面积最大; 反过来, 面积给定的封闭曲线, 圆的边长最小. 这说明在边长和面积之间有一种不等式的关系, 称为等周不等式. 它的一般形式如下

$$\left(\frac{V(K)}{V(B)}\right)^{\frac{1}{n}}\leqslant\left(\frac{S(K)}{S(B)}\right)^{\frac{1}{n-1}},$$

这里 $V(K)$ 代表凸体 K 的 n 维体积, $V(B)$ 代表 n 维球体 B 的体积, $S(K)$ 代表凸体 K 的表面积, $S(B)$ 代表 n 维球体 B 的表面积. 由这个不等式看到, 当表面积相等时候, 就有球体的体积最大. 而体积相等的时候, 就有球的表面积最小. 为了证明这个一般的等周不等式, 先给出凸体表面积的定义. 根据体积对某个方向坐标的导数是该方向截面的面积, 可以定义凸体的表面积为体积的变化率, 这个定义是 Minkowski 给出

的. 设 K 为凸体,考虑它的一个加厚,就是在表面上每一点都盖上同样厚度的一层. 这件事说起来容易,但是给出严格的定义并不容易. 想法是在 K 的每一点都做一个半径为 ε 的小球,然后把所有这些小球并到一起,就正好得到所要的加厚的凸体. 而这个过程恰好等于 K 与原点为球心半径为 ε 的球的 Minkowski 和,即 $K+\varepsilon B$,这里 B 是原点为球心的半径为 1 的球. 因此凸体 K 的表面积 $S(K)$ 就定义为加厚的凸体 $K+\varepsilon B$ 和凸体 K 的体积的差与 ε 的比值的极限,即

$$S(K)=\lim_{\varepsilon\to 0}\frac{V(K+\varepsilon B)-V(K)}{\varepsilon}.$$

下面证明等周不等式:

$$S(K)\geqslant nV^{\frac{n-1}{n}}(K)V^{\frac{1}{n}}(B).$$

利用半径为 r 的球体的体积是 $V(r)=V(1)r^n=V(B)r^n$,以及球体体积对半径的导数是表面积 $S(r)=V'(r)=nV(B)r^{n-1}$ 知,单位球的表面积为 $S(B)=S(1)=nV(B)$. 在不等式 $S(K)\geqslant nV^{\frac{n-1}{n}}(K)V^{\frac{1}{n}}(B)$ 的两边开 $n-1$ 次方根,两边再除以 $V^{\frac{1}{n}}(K)$ 有

$$\left(\frac{V(K)}{V(B)}\right)^{\frac{1}{n}}\leqslant n^{-\frac{1}{n-1}}V^{-\frac{1}{n-1}}(B)S^{\frac{1}{n-1}}(K)=\left(\frac{S(K)}{S(B)}\right)^{\frac{1}{n-1}},$$

即得标准的等周不等式.

等周不等式 $\left(\dfrac{V(K)}{V(B)}\right)^{\frac{1}{n}}\leqslant\left(\dfrac{S(K)}{S(B)}\right)^{\frac{1}{n-1}}.$

证明 先证 $S(K)\geqslant nV^{\frac{n-1}{n}}(K)V^{\frac{1}{n}}(B)$. 取 $\varepsilon=\dfrac{t}{1-t}$,有

$$\begin{aligned}S(K)&=\lim_{t\to 0}\frac{V\left(K+\frac{t}{1-t}B\right)-V(K)}{\frac{t}{1-t}}=\lim_{t\to 0}\frac{V((1-t)K+tB)-(1-t)^nV(K)}{t(1-t)^{n-1}}\\ &=\lim_{t\to 0}\frac{V((1-t)K+tB)-V(K)}{t(1-t)^{n-1}}+\lim_{t\to 0}\frac{V(K)-(1-t)^nV(K)}{t(1-t)^{n-1}}\\ &=\lim_{t\to 0}\frac{V((1-t)K+tB)-V(K)}{t}+nV(K).\end{aligned}$$

令 $f(t)=V^{\frac{1}{n}}((1-t)K+tB)$,则有

$$\begin{aligned}f'(0)&=\lim_{t\to 0}\frac{V^{\frac{1}{n}}((1-t)K+tB)-V^{\frac{1}{n}}(K)}{t}\\ &=\frac{1}{nV^{\frac{n-1}{n}}(K)}\lim_{t\to 0}\frac{V((1-t)K+tB)-V(K)}{t}.\end{aligned}$$

利用前面得到的

$$S(K)=\lim_{t\to 0}\frac{V((1-t)K+tB)-V(K)}{t}+nV(K),$$

代入上式有

$$f'(0)=\frac{S(K)/n-V(K)}{V^{\frac{n-1}{n}}(K)}.$$

由 BM 不等式知
$$f(t) \geqslant (1-t)f(0) + tf(1),$$
即 f 是凸函数,因此有 $f'(0) \geqslant f(1) - f(0)$,即
$$\frac{S(K)/n - V(K)}{V^{\frac{n-1}{n}}(K)} \geqslant V^{\frac{1}{n}}(B) - V^{\frac{1}{n}}(K).$$
进一步有
$$S(K) \geqslant n V^{\frac{1}{n}}(B) V^{\frac{n-1}{n}}(K).$$
这就证明了等周不等式.

有了等周不等式,我们可以证明在微分方程领域重要的 Sobolev(索伯列夫)不等式. 我们只考虑二维的情形,n 维情形同样可以证明.

二维 Sobolev 不等式 $\int_{\mathbf{R}^2} (f_x^2 + f_y^2)^{\frac{1}{2}} \mathrm{d}x\mathrm{d}y \geqslant 2\sqrt{\pi} \left(\int_{\mathbf{R}^2} f^2(x,y) \mathrm{d}x\mathrm{d}y \right)^{\frac{1}{2}}.$

证明 这里不妨假设 $f \geqslant 0$,根据第五讲,有
$$\int_{\mathbf{R}^2} (f_x^2 + f_y^2)^{\frac{1}{2}} \mathrm{d}x\mathrm{d}y = \int_0^{+\infty} L(f^{-1}(t)) \mathrm{d}t,$$
其中 $L(f^{-1}(t))$ 是等高线 $\{(x,y) | f(x,y) = t\}$ 的弧长. 又设 $S(f^{-1}(t))$ 是该等高线所围成的面积. 根据等周不等式,有
$$\left(\frac{S(f^{-1}(t))}{\pi r^2} \right)^{\frac{1}{2}} \leqslant \frac{L(f^{-1}(t))}{2\pi r},$$
即有
$$L(f^{-1}(t)) \leqslant 2\sqrt{\pi} S^{\frac{1}{2}}(f^{-1}(t)).$$
从而
$$\int_{\mathbf{R}^2} (f_x^2 + f_y^2)^{\frac{1}{2}} \mathrm{d}x\mathrm{d}y \geqslant 2\sqrt{\pi} \int_0^{+\infty} S^{\frac{1}{2}}(f^{-1}(t)) \mathrm{d}t.$$
再利用
$$S(f^{-1}(t)) = \int_{\mathbf{R}^2} 1_{L(f,t)}(x,y) \mathrm{d}x\mathrm{d}y,$$
以及第五讲的函数的层饼表示
$$f(x,y) = \int_0^{+\infty} 1_{L(f,t)}(x,y) \mathrm{d}t,$$
有
$$\left(\int_{\mathbf{R}^2} f^2(x,y) \mathrm{d}x\mathrm{d}y \right)^{\frac{1}{2}} = \left(\int_{\mathbf{R}^2} \left(\int_0^{+\infty} 1_{L(f,t)}(x,y) \mathrm{d}t \right)^2 \mathrm{d}x\mathrm{d}y \right)^{\frac{1}{2}}$$
$$\leqslant \int_0^{+\infty} \left(\int_{\mathbf{R}^2} 1_{L(f,t)}^2(x,y) \mathrm{d}x\mathrm{d}y \right)^{\frac{1}{2}} \mathrm{d}t$$
$$= \int_0^{+\infty} \left(\int_{\mathbf{R}^2} 1_{L(f,t)}(x,y) \mathrm{d}x\mathrm{d}y \right)^{\frac{1}{2}} \mathrm{d}t$$
$$= \int_0^{+\infty} S^{\frac{1}{2}}(f^{-1}(t)) \mathrm{d}t \leqslant \frac{1}{2\sqrt{\pi}} \int_{\mathbf{R}^2} (f_x^2 + f_y^2)^{\frac{1}{2}} \mathrm{d}x\mathrm{d}y,$$

从而证明了 Sobolev 不等式

$$\int_{\mathbf{R}^2}(f_x^2+f_y^2)^{\frac{1}{2}}\mathrm{d}x\mathrm{d}y\geqslant 2\sqrt{\pi}\Big(\int_{\mathbf{R}^2}f^2(x,y)\mathrm{d}x\mathrm{d}y\Big)^{\frac{1}{2}}.$$

注1 在推导 $\Big(\int_{\mathbf{R}^2}\Big(\int_0^{+\infty}1_{L(f,t)}(x,y)\mathrm{d}t\Big)^2\mathrm{d}x\mathrm{d}y\Big)^{\frac{1}{2}}\leqslant\int_0^{+\infty}\Big(\int_{\mathbf{R}^2}1_{L(f,t)}^2(x,y)\mathrm{d}x\mathrm{d}y\Big)^{\frac{1}{2}}\mathrm{d}t$
的过程中,我们利用了不等式

$$\Big(\int_{\mathbf{R}^2}(f_1+f_2)^2\mathrm{d}x\mathrm{d}y\Big)^{\frac{1}{2}}\leqslant\Big(\int_{\mathbf{R}^2}f_1^2\mathrm{d}x\mathrm{d}y\Big)^{\frac{1}{2}}+\Big(\int_{\mathbf{R}^2}f_2^2\mathrm{d}x\mathrm{d}y\Big)^{\frac{1}{2}},$$

以及它的有限维和连续指标情形的推广,即

$$\Big(\int_{\mathbf{R}^2}(f_1+\cdots+f_n)^2\mathrm{d}x\mathrm{d}y\Big)^{\frac{1}{2}}\leqslant\Big(\int_{\mathbf{R}^2}f_1^2\mathrm{d}x\mathrm{d}y\Big)^{\frac{1}{2}}+\cdots+\Big(\int_{\mathbf{R}^2}f_n^2\mathrm{d}x\mathrm{d}y\Big)^{\frac{1}{2}},$$

以及

$$\Big(\int_{\mathbf{R}^2}\Big(\int_0^{+\infty}f(x,y,t)\mathrm{d}t\Big)^2\mathrm{d}x\mathrm{d}y\Big)^{\frac{1}{2}}\leqslant\int_0^{+\infty}\Big(\int_{\mathbf{R}^2}f^2(x,y,t)\mathrm{d}x\mathrm{d}y\Big)^{\frac{1}{2}}\mathrm{d}t.$$

3 球面上的等周不等式与测度集中

边长是 l 的 n 维方体 K,它的体积是 l^n. 这里有两件事是比较有趣的. 其一是考虑维数趋于无穷时,若 $l>1$,则体积是无穷大;若 $l<1$,则体积是 0;若 $l=1$,则体积是 1. 这一点对于无穷维空间的测度论是关键的(参见本书第八讲). 在这里我们关注的是第二点. 假如将 n 维方体 K 的每一边的两端都去掉 $\dfrac{\varepsilon}{2}$,则得到一个边长为 $l-\varepsilon$ 的方体 K',位于 K 中. 这两个方体的体积比值为

$$\frac{V(K)}{V(K')}=\frac{(l-\varepsilon)^n}{l^n}=\Big(1-\frac{\varepsilon}{l}\Big)^n.$$

当维数 n 趋于无穷大时,这个比值趋于 0. 这说明这两个方体中间夹着的一层的体积在整个 K 的整个体积所占的比例随着维数的增加趋近于 1. 换句话说,维数很高的空间中方体的体积集中在边界附近. 这就是一种测度集中现象. 对高维空间的球体来说,也存在这种测度集中现象. 事实上,半径为 R 的 n 维球体的体积是 $V(R)=K_nR^n$,其中 K_n 是半径为 1 的单位球体的体积. 那么与一个半径为 $R-\varepsilon$ 的 n 维球体的体积的比值就是

$$\frac{(R-\varepsilon)^n}{R^n}=\Big(1-\frac{\varepsilon}{R}\Big)^n,$$

当维数 n 趋于无穷大的时候,这个比值是趋于 0 的. 这说明两个球体中间夹着的一层的体积在整个球体的整个体积所占的比例随着维数的增加趋近于 1,即高维球体的体积集中在球壳上,这就是球体的测度集中. 将球体进行变形,可以得到一般形状的高维几何体,那么它的体积也集中在表面附近. 从概率的角度看,如果我们在球体内随机取一点,那么以很高的概率取到球面附近.

这些推理也可以用到球面上. 对球面来说, 整个球面的面积集中在什么地方呢? 直观上应该是在赤道附近, 因为那里的截口最大.

这些测度集中现象令人觉得与直觉不符, 但依然是很自然的, 简单的推理就可以得到这些结果. 然而令人吃惊的是 Paul. Levy 所得到的深刻结果: 高维球面上的函数, 如果变化不是很大 (比如两点之间函数值的差与两点之间距离的比值不超过一个常数), 就几乎是常数!

为了证明 Levy 的测度集中定理, 首先需要球面上的等周不等式. 等周不等式的另一个等价的表示是: 具有同一体积的集合, 都同等地加厚, 那么球体加厚之后的体积是最小的. 这种说法特别适合弯曲空间中的等周不等式. 只要有距离, 就可以定义球, 就可以有等周不等式. 下面我们就给出球面上的等周不等式.

在 n 维球面 S^n 上取两点的大圆弧的长作为距离 ρ, 则所谓的 ε 扩张是指: 对 S^n 上的集合 A, 它的 ε 扩张 A_ε 就是到 A 的距离不超过 ε 的点的集合, 即

$$A_\varepsilon = \{x \mid \rho(x, A) \leqslant \varepsilon\}.$$

有了这个 ε 扩张的概念, 则 S^n 上的等周不等式就是: 体积相等集合的 ε 扩张中, 球帽的 ε 扩张的体积最小, 即

$$\mu(A_\varepsilon) \geqslant \mu(S_\varepsilon(x_0, r)) = \mu(S(x_0, r+\varepsilon)).$$

要证明球面上的等周不等式是不容易的. 我们先不证明它, 而是通过其他途径证明测度集中. 下面的引理是至关重要的.

引理 取 n 维单位球体 D^n, A 和 B 是 D^n 内的两个集合, 它们的体积都满足

$$\frac{V(A)}{V(D^n)} \geqslant \alpha, \quad \frac{V(B)}{V(D^n)} \geqslant \alpha,$$

这里 α 是个正数, 且 A 和 B 之间的距离 ρ 大于零, 即

$$\rho(A, B) = \min\{|a-b|, a \in A, b \in B\} = \rho > 0,$$

则有

$$\alpha < \exp\left(-\frac{\rho^2 n}{8}\right).$$

证明 不妨假设 A 和 B 都是闭集, 由 BM 不等式知

$$V\left(\frac{A+B}{2}\right) \geqslant \frac{1}{2}V(A) + \frac{1}{2}V(B) \geqslant \alpha V(D^n),$$

其次, 对于 $a \in A, b \in B$, 有

$$|a+b|^2 = 2|a|^2 + 2|b|^2 - |a-b|^2 \leqslant 2 + 2 - \rho^2 = 4 - \rho^2$$

(这是因为 $|a| \leqslant 1, |b| \leqslant 1, |a-b| \geqslant \rho$). 这说明 $\frac{A+B}{2}$ 包含在半径为 $\sqrt{1-\frac{\rho^2}{4}}$ 的球中, 因此有 $V\left(\frac{A+B}{2}\right) \leqslant \left(1-\frac{\rho^2}{4}\right)^{\frac{n}{2}} V(D^n)$. 又因为前面得到 $V\left(\frac{A+B}{2}\right) \geqslant \alpha V(D^n)$, 从而有

$$\alpha \leqslant \left(1-\frac{\rho^2}{4}\right)^{\frac{n}{2}} \leqslant \exp\left(-\frac{\rho^2 n}{8}\right).$$

这里利用了 $1-x\leqslant e^{-x}$.

下面考虑球面上两个集合. 设 A 是球面上的一个集合，A_ε 是 A 在球面上的扩张. 取 B 是 A_ε 在球面上的补集，则 A 和 B 之间的距离是 ε. 将 A 和 B 沿着半径扩张成两个 D^n 中的锥体的一部分，即

$$A_\lambda=\{tA, \lambda\leqslant t\leqslant 1\}, \quad B_\lambda=\{tB, \lambda\leqslant t\leqslant 1\},$$

则根据相似原理，A_λ 和 B_λ 之间的距离是 $\lambda\varepsilon$. 根据前面引理的证明，有

$$V\left(\frac{A_\lambda+B_\lambda}{2}\right)\leqslant\left(1-\frac{\lambda^2\varepsilon^2}{4}\right)^{\frac{n}{2}}V(D^n)\leqslant\exp\left(-\frac{\lambda^2\varepsilon^2 n}{8}\right)V(D^n).$$

再根据 BM 不等式，有

$$V(A_\lambda)V(B_\lambda)\leqslant V^2\left(\frac{A_\lambda+B_\lambda}{2}\right)\leqslant\exp\left(-\frac{\lambda^2\varepsilon^2 n}{4}\right)V^2(D^n).$$

而根据相似原理有 $\dfrac{V(A)}{V(S^n)}=\dfrac{V(A_0)}{V(D^n)}$, 且 $\dfrac{V(A_0-A_\lambda)}{V(A_0)}=\lambda^n$, 即 $1-\dfrac{V(A_\lambda)}{V(A_0)}=\lambda^n$. 所以有

$$\frac{V(A_\lambda)}{V(D^n)}=(1-\lambda^n)\frac{V(A_0)}{V(D^n)}.$$

从而有

$$(1-\lambda^n)^2\frac{V(A)}{V(S^n)}\frac{V(B)}{V(S^n)}=(1-\lambda^n)^2\frac{V(A_0)}{V(D^n)}\frac{V(B_0)}{V(D^n)}=\frac{V(A_\lambda)}{V(D^n)}\frac{V(B_\lambda)}{V(D^n)}\leqslant\exp\left(-\frac{\lambda^2\varepsilon^2 n}{4}\right),$$

即

$$\frac{V(A)}{V(S^n)}\frac{V(B)}{V(S^n)}\leqslant(1-\lambda^n)^{-2}\exp\left(-\frac{\lambda^2\varepsilon^2 n}{4}\right).$$

而

$$\frac{V(B)}{V(S^n)}=\frac{V(S^n)-V(A_\varepsilon)}{V(S^n)}=1-\frac{V(A_\varepsilon)}{V(S^n)},$$

所以有

$$\frac{V(A)}{V(S^n)}\left(1-\frac{V(A_\varepsilon)}{V(S^n)}\right)\leqslant(1-\lambda^n)^{-2}\exp\left(-\frac{\lambda^2\varepsilon^2 n}{4}\right).$$

取 $\lambda=\dfrac{1}{2}$, $\dfrac{V(A)}{V(S^n)}=\dfrac{1}{2}$, 有

$$1-\frac{V(A_\varepsilon)}{V(S^n)}\leqslant 8\exp\left(-\frac{\varepsilon^2 n}{16}\right),$$

即

$$\frac{V(A_\varepsilon)}{V(S^n)}\geqslant 1-8\exp\left(-\frac{\varepsilon^2 n}{16}\right).$$

下面就可以证明球面上的 Levy 定理了，即满足 Lipschitz 条件的函数几乎是常数. 常数 M_f 称为中位数，是指满足 $\dfrac{V(A)}{V(S^n)}\geqslant\dfrac{1}{2}$, $\dfrac{V(B)}{V(S^n)}\geqslant\dfrac{1}{2}$, 其中

$$A=\{x\mid f(x)\leqslant M_f\}, \quad B=\{x\mid f(x)\geqslant M_f\}.$$

这意思就是说把 M_f 当成是高度,函数 f 在 M_f 的等高线把球面分成两个相等的部分. 如果等高线本身没有"宽度",则该等高线的内部和外部面积各占一半. 如果等高线有"宽度",则有 $\dfrac{V(A)}{V(S^n)} \geq \dfrac{1}{2}$,$\dfrac{V(B)}{V(S^n)} \geq \dfrac{1}{2}$.

Levy 引理 1 设函数 $f: S^n \to \mathbf{R}$ 满足 Lipschitz 条件,即 $|f(x) - f(y)| < kd(x, y)$,这里 k 是常数,$d(x, y)$ 是球面距离. 任给 $\varepsilon > 0$,则有

$$\frac{V(\{x \mid |f(x) - M_f| > \varepsilon\})}{V(S^n)} \leq 4 \exp\left(-\frac{\varepsilon^2 n}{16 k^2}\right).$$

由此可见,当维数 n 趋于无穷大时,右边趋于零. 因此随着维数的增加,这种函数在一个几乎是整个球面(按所占面积的比例)的集合上是常数.

证明 取 $A = \{x \mid f(x) \leq M_f\}$,它的扩张为 $A_{\varepsilon/k} = \{x \mid d(x, A) \leq \varepsilon/k\}$. 任给 $x \in A_{\varepsilon/k}$,则存在 $y \in A$,使得 $d(x, y) \leq \varepsilon/k$. 根据 Lipschitz 条件知,$|f(x) - f(y)| < \varepsilon$,即

$$f(y) - \varepsilon < f(x) < f(y) + \varepsilon.$$

由于 $y \in A$,有 $f(y) \leq M_f$,所以有

$$f(x) < M_f + \varepsilon.$$

这推出 $A_{\varepsilon/k} \subseteq \{x \mid f(x) < M_f + \varepsilon\}$,因此 $V(A_{\varepsilon/k}) \subseteq V\{x \mid f(x) < M_f + \varepsilon\}$. 根据前面的引理,知

$$\frac{V(A_\varepsilon)}{V(S^n)} \geq 1 - 8 \exp\left(-\frac{\varepsilon^2 n}{16}\right),$$

从而有

$$\frac{V\{x \mid f(x) < M_f + \varepsilon\}}{V(S^n)} \geq 1 - 8 \exp\left(-\frac{\varepsilon^2 n}{16 k^2}\right).$$

这意味着

$$\frac{V\{x \mid f(x) \geq M_f + \varepsilon\}}{V(S^n)} \leq 8 \exp\left(-\frac{\varepsilon^2 n}{16 k^2}\right).$$

同样道理,取 $B = \{x \mid f(x) \geq M_f\}$,它的扩张为 $B_{\varepsilon/k} = \{x \mid d(x, B) \leq \varepsilon/k\}$. 任给 $x \in B_{\varepsilon/k}$,则存在 $y \in B$,使得 $d(x, y) \leq \varepsilon/k$. 根据 Lipschitz 条件知,$|f(x) - f(y)| < \varepsilon$,即

$$f(y) - \varepsilon < f(x) < f(y) + \varepsilon.$$

由于 $y \in B$,有 $f(y) \geq M_f$,所以有

$$f(x) > M_f - \varepsilon.$$

这推出 $B_{\varepsilon/k} \subseteq \{x \mid f(x) > M_f - \varepsilon\}$,因此

$$V(B_{\varepsilon/k}) \subseteq V\{x \mid f(x) > M_f - \varepsilon\}.$$

根据前面的引理,有

$$\frac{V(B_\varepsilon)}{V(S^n)} \geq 1 - 8 \exp\left(-\frac{\varepsilon^2 n}{16}\right),$$

从而有
$$\frac{V\{x\mid f(x)>M_f-\varepsilon\}}{V(S^n)}\geqslant 1-8\exp\left(-\frac{\varepsilon^2 n}{16k^2}\right),$$
这意味着
$$\frac{V\{x\mid f(x)\leqslant M_f-\varepsilon\}}{V(S^n)}\leqslant 8\exp\left(-\frac{\varepsilon^2 n}{16k^2}\right).$$
由上述分析知
$$\frac{V(\{x\mid |f(x)-M_f|>\varepsilon\})}{V(S^n)}=\frac{V\{x\mid f(x)\leqslant M_f-\varepsilon\}}{V(S^n)}+\frac{V\{x\mid f(x)\geqslant M_f+\varepsilon\}}{V(S^n)}$$
$$\leqslant 4\exp\left(-\frac{\varepsilon^2 n}{16k^2}\right),$$
这就证明了 Levy 引理.

在文献中这个结果称为 Levy 引理. 下面将给出这一著名结果的另一种证明.

4 Levy 引理的另一种形式及其直接证明

上面的 Levy 引理是关于函数的中位数的. 下面我们给出关于平均值的 Levy 引理.

Levy 引理 2 设函数 $f:S^n\to\mathbf{R}$ 满足 Lipschitz 条件, 即
$$|f(x)-f(y)|<kd(x,y),$$
这里 k 是常数, $d(x,y)$ 是球面距离. 任给 $\varepsilon>0$, 则有
$$\frac{V(\{x\mid |f(x)-\overline{f}|>\varepsilon\})}{V(S^n)}\leqslant 4\exp\left(-\frac{\varepsilon^2 n}{16k^2}\right),$$
其中 $\overline{f}=\dfrac{\int_{S^n}f(x)\mathrm{d}\sigma}{V(S^n)}$ 是函数在球面上的平均值. 这里要注意两点, 首先, 不妨假设平均值是 0, 因为可以用新的函数 $f-\overline{f}$ 代替 f, 依然满足同样的 Lipschitz 条件. 其次, 球面距离可以换成 $\mathbf{R}^n$ 中的距离, 就是说把单位球面上的两点看成是 $\mathbf{R}^n$ 中的两点之间的距离, 即用 $\|x-y\|$ 代替 $d(x,y)$.

其证明思想是把关于 $\mathbf{R}^n$ 上的相应结论转化成球面上的结论. 为此, 需要一些准备.

(1) 将 $f:S^n\to\mathbf{R}$ 扩大为 $\mathbf{R}^n$ 上的函数 $F:\mathbf{R}^n\to\mathbf{R}$ 如下
$$F(x)=\|x\|f\left(\frac{x}{\|x\|}\right),$$
则 F 也满足 Lipschitz 条件, 且 $|F(x)-F(y)|<4k\|x-y\|$. 事实上,

$$|F(x)-F(y)| = \left| \|x\| f\left(\frac{x}{\|x\|}\right) - \|y\| f\left(\frac{y}{\|y\|}\right) \right|$$

$$\leqslant \|x\| \left| f\left(\frac{x}{\|x\|}\right) - f\left(\frac{y}{\|y\|}\right) \right| + |\|x\| - \|y\|| \left| f\left(\frac{y}{\|y\|}\right) \right|$$

$$\leqslant k \|x\| \left\| \frac{x}{\|x\|} - \frac{y}{\|y\|} \right\| + \|x-y\| f\left(\frac{y}{\|y\|}\right)$$

$$= k \left\| x - y \frac{\|x\|}{\|y\|} \right\| + \|x-y\| \left| f\left(\frac{y}{\|y\|}\right) \right|,$$

同时,有

$$\left\| x - y \frac{\|x\|}{\|y\|} \right\| \leqslant \|x-y\| + \|y\| \left\| 1 - \frac{\|x\|}{\|y\|} \right\| \leqslant 2\|x-y\|.$$

另外,估计$|f|$.因为假设$\bar{f}=0$,所以$\int_{S^n} f(x)\mathrm{d}\sigma=0$;又因为函数是连续的,所以球面上存在一点$x_0$,在这点上函数值是0(这很容易证明,因为如果函数值都大于0或者都小于0,那么积分或者大于0或者小于0,不可能等于0.这说明函数值有正有负,根据连续性,一定存在函数值是0的点).利用Lipschitz条件知

$$|f(x)| = |f(x)-f(x_0)| < k\|x-x_0\| \leqslant k(\|x\|+\|x_0\|) \leqslant 2k.$$

由此可以推出

$$|F(x)-F(y)| < 4k\|x-y\|.$$

(2)设二维向量$x=(x_1,x_2)$,则它的长度满足不等式

$$\|x\| = \sqrt{x_1^2+x_2^2} \geqslant \frac{1}{\sqrt{2}}(|x_1|+|x_2|).$$

证明很容易,两边平方就看出来了.推广到n维向量,有

$$\|x\| = \sqrt{x_1^2+\cdots+x_n^2} \geqslant \frac{1}{\sqrt{n}}(|x_1|+\cdots+|x_n|).$$

如果每个分量都满足标准正态分布,即它们的取值密度都是$\frac{1}{\sqrt{2\pi}}\mathrm{e}^{-\frac{x^2}{2}}$,则每个分量的绝对值的平均值满足

$$E|x_i| = \frac{1}{\sqrt{2\pi}}\int_{-\infty}^{+\infty} |x| \mathrm{e}^{-\frac{x^2}{2}} \mathrm{d}x = \sqrt{\frac{2}{\pi}},$$

由此推出

$$E\|x\| \geqslant \frac{1}{\sqrt{n}}(E|x_1|+\cdots+E|x_n|) = \sqrt{\frac{2n}{\pi}} > \frac{\sqrt{n}}{2}.$$

(3)为了符号简便,令$P(\cdot)=\frac{V(\cdot)}{V(S^n)}$,这恰好代表在球面上取点的概率,即点落在某个球面集合的概率,则Levy引理2中的结论相当于

$$P(\{x \mid |f(x)-\bar{f}|>\varepsilon\}) \leqslant 4\exp\left(-\frac{\varepsilon^2 n}{128k^2}\right).$$

进一步将这个结果转化成关于扩张后的函数 F,有

$$P(\{x\mid |f(x)-\bar{f}|>\varepsilon\})=P(\{x\mid |f(x)|>\varepsilon\})=P\left(\left|f\left(\frac{x}{\|x\|}\right)\right|>\varepsilon\right)$$

$$=P\left(\|x\|\left|f\left(\frac{x}{\|x\|}\right)\right|>\|x\|\varepsilon\right)=P(|F(x)|>\|x\|\varepsilon).$$

为了估计右边的概率,将整个空间用一个球心在原点半径是 $n\rho^2$ 的球分成两部分,有

$$P(|F(x)|>\|x\|\varepsilon)=P(|F(x)|>\|x\|\varepsilon,\|x\|\geqslant\sqrt{n}\rho)$$

$$+P(|F(x)|>\|x\|\varepsilon,\|x\|<\sqrt{n}\rho).$$

对于右边的第一项,若 $|F(x)|>\|x\|\varepsilon,\|x\|\geqslant\sqrt{n}\rho$ 同时成立,一定有

$$|F(x)|>\sqrt{n}\rho\varepsilon.$$

因此

$$P(|F(x)|>\|x\|\varepsilon,\|x\|\geqslant\sqrt{n}\rho)\leqslant P(|F(x)|>\sqrt{n}\rho\varepsilon).$$

对第二项来说,自然有

$$P(|F(x)|>\|x\|\varepsilon,\|x\|<\sqrt{n}\rho)\leqslant P(\|x\|<\sqrt{n}\rho).$$

进一步利用下面的估计

$$P(\|x\|<\sqrt{n}\rho)=P(E\|x\|-\|x\|>E\|x\|-\sqrt{n}\rho)$$

$$\leqslant P(Ex-\|x\|>E\|x\|-\sqrt{n}\rho)+P(\|x\|-E\|x\|>E\|x\|-\sqrt{n}\rho)$$

$$=P(|\|x\|-E\|x\||>E\|x\|-\sqrt{n}\rho),$$

因为 $E\|x\|>\frac{\sqrt{n}}{2}$,所以可以取 $\rho=\frac{1}{4}$,使得 $E\|x\|-\sqrt{n}\rho>\frac{\sqrt{n}}{4}$. 由此有

$$P(|\|x\|-E\|x\||>E\|x\|-\sqrt{n}\rho)\leqslant P\left(|\|x\|-E\|x\||>\frac{\sqrt{n}}{4}\right).$$

这样就得到了估计

$$P(\{x\mid |f(x)-\bar{f}|>\varepsilon\})=P(|F(x)|>\|x\|\varepsilon)$$

$$\leqslant P\left(|F(x)|>\frac{\sqrt{n}}{4}\varepsilon\right)+P\left(|\|x\|-E\|x\||>\frac{\sqrt{n}}{4}\right).$$

为了估计右端的两个概率,需要以下一些不等式.

(4) 首先证明关于凸函数的 Jensen 不等式. 函数 f 称为凸函数,是指对定义域中的任何 x_1,x_2 有

$$f(\lambda x_1+(1-\lambda)x_2)\leqslant \lambda f(x_1)+(1-\lambda)f(x_2).$$

由此定义可得著名的 Jensen 不等式:若 f 是凸函数,则有

$$f(E(X))\leqslant Ef(X),$$

这里

$$E(X)=p_1 x_1+\cdots+p_m x_m,\quad Ef(X)=p_1 f(x_1)+\cdots+p_m f(x_m),$$

且 $p_1+\cdots+p_m=1, p_i\geq 0$. 如果随机变量 X 是连续取值的,那么通过取极限就可以了.

(5)接着给出 Markov 不等式,且证明是非常显然的,但是却很有用. 它说的是,当一个班级的某些人成绩降低了的时候,整体的平均成绩也变低. 具体的就是:设随机变量 X 是非负的,则有 Markov 不等式

$$P(X>a)\leq \frac{E(X)}{a}.$$

证明 不妨设 X 的取值为 $0<x_1<\cdots<x_m$,则

$$E(X)=p_1x_1+\cdots+p_mx_m>p_ix_i+\cdots+p_mx_m>x_i(p_i+\cdots+p_m)=x_iP(X>x_i),$$

取 $a=x_i$ 即得. 对于连续取值的随机变量,取极限即可.

由上述 Markov 不等式,可以得到下面的 Chernoff 不等式.

Chernoff 不等式 对任何 $t>0$,有

$$P(X>a)\leq e^{-ta}E(e^{tX}).$$

证明 $P(X>a)=P(e^{tX}>e^{ta})\leq e^{-ta}E(e^{tX})$. 证毕.

(6)现在考虑两个随机变量的一个不等式. 设 X,Y 是取值一样,且相应的概率也一样的随机变量(称为同分布的),φ 是凸函数,则有下面的不等式:

$$E\varphi(f(X)-Ef(X))\leq E\varphi(f(X)-f(Y)).$$

证明 因为有两个随机变量,所以求平均值为

$$E\varphi(f(X)-f(Y))=E_XE_Y\varphi(f(X)-f(Y)),$$

其中 E_X 和 E_Y 是分别对 X,Y 求平均值. 对第二个平均值使用 Jensen 不等式有

$$E_Y\varphi(f(X)-f(Y))\geq \varphi(E_Yf(X)-E_Yf(Y))=\varphi(f(X)-Ef(X)).$$

由此得到结论.

取特定的 φ 可以得到特殊的不等式. 例如,令 $\varphi(x)=e^{\lambda x}$,且假设

$$Ef(X)=Ef(Y)=0,$$

由前面的不等式马上得到下面的不等式

$$Ee^{\lambda f(X)}\leq Ee^{\lambda(f(X)-f(Y))}.$$

(7)由于 $\varphi(x)=e^{\lambda x}$ 是凸函数,即

$$e^{\lambda_1 f_1+\cdots+\lambda_m f_m}\leq \lambda_1 e^{f_1}+\cdots+\lambda_m e^{f_m}, \quad \lambda_1+\cdots+\lambda_m=1, \quad \lambda_i\geq 0,$$

则有

$$Ee^{\lambda_1 f_1+\cdots+\lambda_m f_m}\leq \lambda_1 Ee^{f_1}+\cdots+\lambda_m Ee^{f_m}.$$

把这个不等式连续化,就得到

$$Ee^{\frac{1}{b-a}\int_a^b f(X_\theta)d\theta}\leq \frac{1}{b-a}\int_a^b Ee^{f(X_\theta)}d\theta.$$

如果不要求 $\lambda_1+\cdots+\lambda_m=1$,则有

$$e^{\lambda_1 f_1+\cdots+\lambda_m f_m}\leq \frac{\lambda_1}{\lambda_1+\cdots+\lambda_m}e^{(\lambda_1+\cdots+\lambda_m)f_1}+\cdots+\frac{\lambda_m}{\lambda_1+\cdots+\lambda_m}e^{(\lambda_1+\cdots+\lambda_m)f_m}.$$

把以上不等式连续化有

第七讲 等周不等式和测度集中

$$Ee^{\int_a^b f(X_\theta)d\theta} \leqslant \frac{1}{b-a}\int_a^b Ee^{(b-a)f(X_\theta)}d\theta.$$

(8) 利用正态随机变量 X,Y 作一族连续的变量 $X_\theta = X\sin\theta + Y\cos\theta$，则 X_θ 也满足正态分布．那么有

$$F(X) - F(Y) = \int_0^{\pi/2} \frac{d}{d\theta} F(X_\theta) d\theta = \int_0^{\pi/2} \left\langle \operatorname{grad} F(X_\theta), \frac{d}{d\theta} X_\theta \right\rangle d\theta.$$

根据式(7)中的不等式有

$$Ee^{(F(X)-F(Y))} = Ee^{\left(\int_0^{\pi/2}\langle \operatorname{grad}F(X_\theta),\frac{d}{d\theta}X_\theta\rangle d\theta\right)} \leqslant \frac{2}{\pi}\int_0^{\pi/2} Ee^{\langle \operatorname{grad}F(X_\theta),\frac{d}{d\theta}X_\theta\rangle} d\theta = Ee^{\frac{\pi}{2}\langle \operatorname{grad}F(X),Y\rangle},$$

而

$$Ee^{\frac{\pi}{2}\langle \operatorname{grad}F(X),Y\rangle} = Ee^{\frac{\pi}{2}\sum_{i=1}^n \frac{\partial F}{\partial x_i}y_i} = \prod_{i=1}^n Ee^{\frac{\pi}{2}\frac{\partial F}{\partial x_i}y_i},$$

且

$$Ee^{\frac{\pi}{2}\frac{\partial F}{\partial x_i}y_i} = e^{\frac{\pi^2}{8}\left(\frac{\partial F}{\partial x_i}\right)^2},$$

从而对任意的 λ 有

$$E_Y e^{\frac{\pi}{2}\lambda\langle \operatorname{grad}F(X),Y\rangle} = \prod_{i=1}^n E_Y e^{\frac{\pi}{2}\lambda\frac{\partial F}{\partial x_i}y_i} = \prod_{i=1}^n e^{\frac{\lambda^2\pi^2}{8}\left(\frac{\partial F}{\partial x_i}\right)^2} = e^{\frac{\lambda^2\pi^2}{8}\sum_{i=1}^n \left(\frac{\partial F}{\partial x_i}\right)^2}.$$

由此推出

$$Ee^{\lambda f(X)} \leqslant Ee^{\lambda(f(X)-f(Y))} \leqslant e^{\frac{\lambda^2\pi^2}{8}\sum_{i=1}^n \left(\frac{\partial F}{\partial x_i}\right)^2}.$$

因为 Lipschitz 条件 $|F(x)-F(y)| < 4k\|x-y\|$，根据中值定理知

$$\sum_{i=1}^n \left(\frac{\partial F}{\partial x_i}\right)^2 \leqslant 16k^2,$$

所以

$$Ee^{\lambda F(X)} \leqslant Ee^{\lambda(F(X)-F(Y))} \leqslant e^{\frac{\lambda^2\pi^2 k^2}{2}}.$$

从而根据标准正态分布是对称函数，有

$$Ee^{\lambda|F(X)|} \leqslant 2e^{\frac{\lambda^2\pi^2 k^2}{2}}.$$

再根据 Chernoff 不等式有

$$P(|F(X)|>\varepsilon) = P(e^{\lambda|F(X)|}>e^{\lambda\varepsilon}) \leqslant \frac{Ee^{\lambda|F(X)|}}{e^{\lambda\varepsilon}} \leqslant 2e^{\frac{\lambda^2\pi^2 k^2}{2}-\lambda\varepsilon}.$$

取 $\lambda = \frac{\varepsilon}{2k^2\pi^2}$，则有

$$P(|F(X)|>\varepsilon) \leqslant 2e^{-\frac{\varepsilon^2}{8\pi^2 k^2}}.$$

现在可以给出 Levy 引理 2 的完整证明了．由上式有

$$P\left(|F(x)|>\frac{\sqrt{n}}{4}\varepsilon\right) \leqslant 2e^{-\frac{n\varepsilon^2}{128\pi^2 k^2}}.$$

另外，函数 $H(x)=\|x\|-E\|x\|$ 也满足 Lipschitz 条件，
$$|H(x)-H(y)|=|\|x\|-\|y\||\leqslant\|x-y\|,$$
此时 Lipschitz 常数是 1. 再次根据上述不等式，有
$$P\left(|\|x\|-E\|x\||>\frac{\sqrt{n}}{4}\right)\leqslant 2\mathrm{e}^{-\frac{n}{128\pi^2}}.$$

从而，
$$P(\{x||f(x)-\bar{f}|>\varepsilon\})\leqslant 2\mathrm{e}^{-\frac{n\varepsilon^2}{128\pi^2 k^2}}+2\mathrm{e}^{-\frac{n}{128\pi^2}}.$$

只要 $\varepsilon<k$，因为 e^{-x} 是递减函数，所以有 $\mathrm{e}^{-\frac{n\varepsilon^2}{128\pi^2 k^2}}>\mathrm{e}^{-\frac{n}{128\pi^2}}$. 这就推出
$$P(\{x||f(x)-\bar{f}|>\varepsilon\})\leqslant 4\mathrm{e}^{-\frac{n\varepsilon^2}{128\pi^2 k^2}}.$$

Levy 引理 2 得证.

注 2 Levy 引理的定性意义是：当维数 n 趋于无穷大时，上式右端趋于零. 这里我们把 Lipschitz 常数 k 看成了一个真的常数. 而事实上可以放宽这个条件，只要 $\frac{n}{k^2}$ 随着维数的增加趋于无穷大即可. 也就是说，Lipschitz 常数 k 可以与维数 n 有关，即 $k=k(n)$，例如，$k=n^\alpha,\alpha<1$. 这样的 Levy 引理也许会有更广泛的价值.

注 3 在实际问题中，球面上的函数并不一定满足 Lipschitz 条件. 对于不满足这一条件的函数会有什么样的性质尚需研究.

第八讲 无穷维函数的求导和积分

将微积分推广到无穷维是很自然需要考虑的问题. Newton 的时代就已经深入研究了无穷维函数的微分法,即现在所说的变分学. 而无穷维函数的积分学是 1900 年前后开始得到发展的,至今已经成为理论物理学的数学基础. 在 Witten 的手中,泛函积分成了构造拓扑不变量的基本工具,即拓扑量子场论,其基本出发点是对所有距离函数求积分,就与距离没关系了,就是拓扑的. 这类似于笛卡儿的解析几何,通过代数计算证明几何定理,Witten 是通过对距离的平均计算与距离无关的拓扑量. 下面是无穷维函数微积分这个理论最基本的内容.

1 无穷维函数的构造

有限维函数就是我们熟知的多元函数,也就是多个变量确定一个数值. 例如,
$$y = f(x_1, \cdots, x_n),$$
那么无穷维函数,也就是无穷元函数是什么样子的呢? 我遇到过很多学数学的学生和老师都不太明白这些内容,他们不理解无穷维函数是什么. 在数学里,无穷维函数被称为泛函,这是一个非常糟糕的命名!

无穷维函数的构造最简单的就是直接推广多元函数. 例如,把二次函数
$$y = f(x_1, \cdots, x_n) = x_1^2 + \cdots + x_n^2,$$
推广到无穷维
$$y = f(x_1, \cdots, x_n, \cdots) = x_1^2 + \cdots + x_n^2 + \cdots,$$
差别是前面的多元函数的值总是有限的,而这个无穷维函数值有可能是无穷大,如每个变量都取 1.

无穷维函数是把一个函数对应一个数,最关键的地方在于它的自变量在什么空间,也就是定义域是什么. 比如,考虑 $[0,1]$ 上的连续函数空间 $C[0,1]$,它上面的函数是什么样子的? 也就是说,给一个 $[0,1]$ 上的连续函数 $x(t)$,怎么构造一个数? 有很多种做法,最基本的有两种,其一是利用函数在固定点处的值构造泛函,如
$$y = f(x) = x(t_1),$$
$$y = f(x) = \sin x(t_1).$$
其二是利用积分构造泛函,如
$$y = f(x) = \int_0^1 x^2(t)\, dt.$$

利用四则运算和复合，我们可以给出更多的构造. 为此，我们先取 $[0,1]$ 上的任意 m 个点 $t_1,\cdots,t_m$，以及 $[0,1]$ 上的 k 个不相交的区间 $I_1,\cdots,I_k$. 又假设 $g,g_1,\cdots,g_r$ 是多元函数，则可以构造下面这些无穷维函数

$$y = g(x(t_1),\cdots,x(t_n)),$$

$$y = g\left(\int_{I_1} f_1(x(t))\mathrm{d}t,\cdots,\int_{I_n} f_n(x(t))\mathrm{d}t\right),$$

$$y = \int_{I_1}\cdots\int_{I_n} g(x(t_1),\cdots\cdots,x(t_n))\mathrm{d}t_1\cdots\mathrm{d}t_n,$$

等等. 这种构造的主要方式是通过函数在某些点的值，以及在某些区域上的积分值，再通过加减乘除以及复合来构造泛函. 对这些具体的无穷维函数，我们希望研究它们的求导和积分问题.

2 无穷维极值问题——变分法

极值问题是微积分最早发挥作用的领域，在应用上相当广泛的. N 个变量的函数的极值问题是容易处理的. 利用偏导数为零得到解要满足的代数方程. 即使带有约束条件也可以容易分析. 那对于无穷多变量的函数怎么做呢？例如，下面的问题. 在平面上取两点 A 和 B，问连接这两点的曲线哪个最短？我们知道是直线最短. 但是这是个极值问题，仔细分析一下：每个曲线有个长度. 也就是说一个曲线对应一个数，这种对应关系数学上称为泛函，也就是自变量是函数的函数. 我们要求这种泛函的极值. 这是无穷维的极值问题. 写成数学表达式，设曲线的方程为 $y = f(x), f(0) = f(1) = 0$，这里把 A 和 B 的连线取作坐标轴，坐标分别为 0 和 1. 曲线的长度为

$$l(f) = \int_0^1 \sqrt{1+[f'(x)]^2}\,\mathrm{d}x,$$

那么如何求 $l(f)$ 的极小值？这是个无穷维的极值问题，我们求它的微分（在无穷维情形微分称为变分，符号用 δ 表示）有

$$\delta l(f) = l(f+\delta f) - l(f) = \int_0^1 \{\sqrt{1+[f'(x)+(\delta f)']^2} - \sqrt{1+[f'(x)]^2}\}\mathrm{d}x$$

$$= \int_0^1 \frac{f'(\delta f)'}{\sqrt{1+[f'(x)]^2}}\,\mathrm{d}x$$

$$= \frac{f'\delta f}{\sqrt{1+[f'(x)]^2}}\bigg|_{x=0}^{x=1} - \int_0^1 \frac{\mathrm{d}}{\mathrm{d}x}\frac{f'}{\sqrt{1+[f'(x)]^2}}\delta f\,\mathrm{d}x = 0,$$

有

$$\frac{\mathrm{d}}{\mathrm{d}x}\frac{f'}{\sqrt{1+[f'(x)]^2}} = 0.$$

它的解是 $f' =$ 常数,即为一条直线.

这个典型的例子说明无穷维极值问题也可以通过导数来解. 因此问题归结为求无穷维函数,即泛函的导数,也就是求变分. 一个特别简单的泛函是积分形式给定的,这对应于有限维的如下情形:

$$F(x_1, \cdots, x_n) = \sum_{i=1}^{n} f(x_i).$$

因此极值问题对应于 $\frac{\partial F}{\partial x_i} = f'(x_i) = 0$. 把求和换成求积分,有

$$F[x] = \int_{t_0}^{t_1} f(x(t)) \mathrm{d}t,$$

因此 $\frac{\partial F}{\partial x(t)} = f'(x(t))$. 这个例子过于简单,一般来说,$f$ 可能与 x 的导数有关,即

$$F[x] = \int_{t_0}^{t_1} f(x(t), x'(t)) \mathrm{d}t,$$

则

$$\begin{aligned}
\delta F &= F[x + \delta x] - F[x] \\
&= \int_{t_0}^{t_1} [f(x(t) + \delta x(t), x'(t) + (\delta x)'(t)) - f(x(t), x'(t))] \mathrm{d}t \\
&= \int_{t_0}^{t_1} \left[\frac{\partial f}{\partial x(t)} \delta x(t) + \frac{\partial f}{\partial x'(t)} (\delta x)'(t) \right] \mathrm{d}t \\
&= \frac{\partial f}{\partial x'(t)} \delta x(t) \bigg|_{t_0}^{t_1} - \int_{t_0}^{t_1} \left[\frac{\partial f}{\partial x(t)} - \frac{\mathrm{d}}{\mathrm{d}t} \frac{\partial f}{\partial x'(t)} \right] \delta x(t) \mathrm{d}t.
\end{aligned}$$

如果固定端点,则有 $\frac{\partial f}{\partial x'(t)} \delta x(t) \bigg|_{t_0}^{t_1} = 0$. 因此在极值点处,有

$$\frac{\partial f}{\partial x(t)} - \frac{\mathrm{d}}{\mathrm{d}t} \frac{\partial f}{\partial x'(t)} = 0,$$

此即著名的 Euler-Lagrange 方程.

问题 1 近似计算问题,即如何近似计算无穷维极值问题.

思考题:带有部分约束条件的极值问题怎么处理,比如,求 $[0,1]$ 区间固定端点的曲线中的最短弧长的曲线,加一个部分约束条件 $\int_0^{1/2} f^2(x) \mathrm{d}x = 1$,怎么样做? 注意我们的约束条件不是加在整个区间 $[0,1]$ 上,而是其中的一半 $[0,1/2]$.

3 无穷维函数的积分与测度集中

如果有一个函数的集合,如 $[0,1]$ 上所有绝对值小于 1 的能求出长度的曲线的全体 A,我们想知道这些曲线的长度的平均值或者下面所围成的面积的平均值. 每个曲线对于一个函数 f,每个函数有一个长度 $l(f)$ 或者一个面积 $S(f)$,即每个函数对应

一个数,这是一种函数,称为泛函.因为它是无穷个变量对应于一个数,所以是无穷维函数.怎样求 l 的平均值?我们首先需要做的是把这些长度加到一起,这是某种积分,是无穷维的积分.做无穷维积分很困难,原因在于我们很难定义一个无穷维的体积单位.比如,边长为 1 的 n 维方体,它的 n 维体积为 1,特别重要的是当把边分割的时候,全体小方体的体积之和等于整个体积 1.而对于无穷维方体,当把每个边都分成两份时候,每一个小方体的体积都是 0,因此局部和不等于整体.也许这种分割的方法是不合理的,也许应该强调分割的某种密度.这其实是作和与求极限之间不可交换的一个例子.如果先把前 n 个边分割,然后作和最后取极限,结果依然是 1.如果先取极限,就是把无穷个边先都分割,然后再作和,那么结果是 0.这两个过程不等价.所以我们选择先有限分割,然后作和,最后取极限的方式.这样才能定义一个无穷维体积单位.在这里,我要讲两种无穷维积分.一是与求平均面积有关的积分,二是 Wiener 积分.Wiener 这个积分在随机过程领域以及偏微分方程领域都是基本的.它的复化,即 Feynman 积分是现代量子理论的数学工具.

考虑 $[0,1]$ 上的满足 $0 \leqslant f \leqslant 1$ 的连续函数 f 的全体 A.我们要看看这些函数的平均面积是如何处理的.面积表示成

$$Y = \int_0^1 f(x) \mathrm{d}x.$$

这是泛函,每一个函数 f 对应一个面积.为了求平均面积,要对所有的函数 f 进行积分,形式上这个平均值如下:

$$EY = \frac{\int \left(\int_0^1 f(x) \mathrm{d}x \right) Df}{\int Df},$$

这里 Df 表示对所有的 f 积分.我们用极限的办法定义这个积分:

$$EY = \lim_{n \to +\infty} \frac{\int_0^1 \cdots \int_0^1 \frac{1}{n}(f_1 + \cdots + f_n) \mathrm{d}f_1 \cdots \mathrm{d}f_n}{\int_0^1 \cdots \int_0^1 \mathrm{d}f_1 \cdots \mathrm{d}f_n}.$$

计算这个积分,有

$$EY = \frac{1}{2}.$$

这说明 $[0,1]$ 上的满足 $0 \leqslant f \leqslant 1$ 的连续函数 f 的面积的平均值是 $\frac{1}{2}$.下面计算面积的平方的平均值,即 $E(Y^2)$.利用极限有

$$E(Y^2) = \lim_{n \to +\infty} \frac{\int_0^1 \cdots \int_0^1 \frac{1}{n^2}(f_1 + \cdots + f_n)^2 \mathrm{d}f_1 \cdots \mathrm{d}f_n}{\int_0^1 \cdots \int_0^1 \mathrm{d}f_1 \cdots \mathrm{d}f_n}.$$

利用
$$\int_0^1 f_i^2 \mathrm{d}f_i = \frac{1}{3}, \quad \int_0^1 \int_0^1 f_i f_j \mathrm{d}f_i \mathrm{d}f_j = \frac{1}{4},$$
有
$$E(Y^2) = \lim_{n \to +\infty} \frac{1}{n^2} \sum_{k=1}^n \left(\frac{n}{3} + \frac{n(n-1)}{4} \right) = \frac{1}{4}.$$

因此有 $E(Y^2) = E^2(Y)$，从而 $E(Y-EY)^2 = 0$。用概率的语言说，把 Y 当成随机变量，它的方差是零，因此 Y 以概率 1 取平均值。用测度论的语言说，使得 Y 不取平均值的 f 的测度是零。这就是第 7 讲的测度集中！

下面给出另一个能精确求出结果的无穷维积分——Wiener 积分。被积分泛函的形式是
$$l(f) = \mathrm{e}^{-\int_0^1 (f'(x))^2 \mathrm{d}x},$$
每个 f 给出一个 l 的值。现在对所有满足 $f(0)=a, f(1)=b$ 的 f 求积分。我们依然通过把 $[0,1]$ 区间分割作折线逼近 f 进而化成有限维积分的办法去求这样的积分。这次不去等分 $[0,1]$ 区间，而是任意分割它。设 x_1 是任意一个分点，分区间为两部分，函数用两段折线去近似。令 $y_1 = f(x_1)$，相应地，有
$$l(y_1) = \mathrm{e}^{-\frac{(f(x_1)-f(x_a))^2}{x_1-x_a} - \frac{(f(x_b)-f(x_1))^2}{x_b-x_1}} = \mathrm{e}^{-\frac{(y_1-a)^2}{x_1-x_a} - \frac{(b-y_1)^2}{x_b-x_1}}.$$

因此近似的全体泛函的积分就变成了关于 y_1 的一重积分。我们有
$$\int_{-\infty}^{+\infty} l(y_1) \mathrm{d}y_1 = \int_{-\infty}^{+\infty} \mathrm{e}^{-\frac{(y_1-a)^2}{x_1-x_a} - \frac{(b-y_1)^2}{x_b-x_1}} \mathrm{d}y_1 = \frac{1}{\sqrt{\pi(x_b-x_a)}} \mathrm{e}^{-\frac{(b-a)^2}{x_b-x_a}},$$
依此类推，我们对于 n 个分点的情形化成 n 重积分，其结果依然是
$$\int_{-\infty}^{+\infty} \cdots \int_{-\infty}^{+\infty} l(y_1, \cdots, y_n) \mathrm{d}y_1 \cdots \mathrm{d}y_n = \frac{1}{\sqrt{\pi(x_b-x_a)}} \mathrm{e}^{-\frac{(b-a)^2}{x_b-x_a}}.$$

从而这个无穷维积分作为有限维积分的极限是存在的，就是最后的结果
$$\frac{1}{\sqrt{\pi(x_b-x_a)}} \mathrm{e}^{-\frac{(b-a)^2}{x_b-x_a}}.$$

如果我们对函数用某种基底去展开，比如，幂级数展开或者 Fourier 展开或者 Hermit 展开等，然后相应的积分就可以用有限维积分去逼近取极限了。

问题 2 你能自己作出这样的积分例子吗？你能自己想出一种定义或者计算方式吗？

第九讲 振动问题与微分方程

1 弹簧的振动——由方程本身建立正弦函数和余弦函数的性质

代数的方程是含有未知数的,解方程就是求未知数. 微分方程是含有未知函数的导数的,解微分方程就是求出这个未知函数. 最简单的微分方程就是求积分的问题. 已知导函数求原函数,例如,$y'(x)=x^2$,解是 $y(x)=\dfrac{x^3}{3}+c$,c 是任何常数. 下面解决一个实际问题——弹簧振动. 在光滑的平面上固定弹簧的一端,另一端挂一个物体,其底面也是光滑的. 这个物体的质量是 m,弹簧的弹性系数是 k. 所谓的弹性系数就是衡量弹簧力量的,也就是弹性大小的. 这是来源于胡克的实验定律,当拉长弹簧的时候,有一个与拉的方向相反的力,它的大小与弹簧被拉长的长度成正比,如果压缩弹簧,会有一个与压的方向相反的向外弹的力,大小与压缩的长度成正比. 胡克定律写成数学的式子就是

$$F=-kx,$$

其中 F 是弹簧的力,x 是拉长或者压缩的长度,k 是比例系数. Newton 第二定律说的是有力就有加速度,力和加速度成正比,比例系数是质量 m,写成数学表达式就是

$$F=ma.$$

而加速度是速度的变化率,是单位时间速度的改变率,即

$$a(t)=\lim_{\Delta t\to 0}\frac{v(t+\Delta t)-v(t)}{\Delta t},$$

也就是说,加速度是速度的导数 $a(t)=v'(t)$. 速度又是位移的变化率,即 $v(t)=x'(t)$. 因此加速度是位移的二次导数,即 $a(t)=x''(t)$. 这里坐标系是这样选取的,把弹簧静止时候物体的中心位置设为原点,弹簧拉伸的方向为正方向,轴上的每个点用 x 标记,因此 x 代表位移. 现在根据 Newton 第二定律有

$$mx''(t)=-kx(t).$$

这表示在时刻 t 物体的加速度与弹簧的伸缩长度(也就是物体的位移)之间的关系. 我们需要求解的就是 $x(t)$,它表示的是物体在弹簧的作用下运动的规律. 由正弦和余弦函数的求导规律可以看出,弹簧的振动方程的解是正弦函数和余弦函数,一个特别重要的现象是方程的两个解相加还是解,容易求出解为

$$x(t)=A\sin\left(\sqrt{\frac{k}{m}}t\right)+B\cos\left(\sqrt{\frac{k}{m}}t\right),$$

这里有两个参数 A 和 B 未知.通过弹簧开始振动时候的情况也就是初始条件可以确定.例如,我们把弹簧拉长一段 x_0 停下来然后放手,那么初始的条件就是有个初始的位移,但是初始速度是零,即
$$x(0)=x_0, \quad x'(0)=0.$$
如果在弹簧静止的时候忽然用锤子打它一下,则初始位移为零,初始速度不为零.如果使劲拉一下弹簧,并在拉动的过程中松开手,那么初始位移和初始速度都不为零.

在方程 $mx''(t)=-kx(t)$ 的两侧乘以 x' 有
$$\frac{1}{2}m((x')^2)'+\frac{1}{2}k(x^2)'=0,$$
积分一次得
$$\frac{1}{2}m(x')^2+\frac{1}{2}kx^2=E,$$
这就是动能加上势能等于常数,即能量守恒定律.这个常数等于
$$\frac{1}{2}m(x'(0))^2+\frac{1}{2}kx(0)^2=E_0,$$
这恰是初始能量.

下面研究方程
$$x''(t)=-x(t) \tag{1}$$
在初始条件
$$x(0)=0, \quad x'(0)=1 \tag{2}$$
下解的性质.特别是根据方程本身来建立起正弦函数和余弦函数的主要性质.

首先证明幂级数解的唯一性.假设 $x(t)$ 可以展开成幂级数的形式,令
$$x(t)=a_0+a_1t+\cdots+a_nt^n+\cdots,$$
那么
$$x''(t)=2a_2+6a_3t+\cdots+n(n-1)a_nt^{n-2}+\cdots$$
代入到方程中可以得到所有的系数都可以用 a_0,a_1 表示,这说明幂级数解是由初始条件唯一决定的.

然后我们证明正弦函数和余弦函数的性质.令方程(1)和方程(2)的解为 $S(t)$,则将方程(1)求导就知道 $C(t)=S'(t)$ 也满足方程,相应的初始条件是 $C(0)=1$, $C'(0)=0$.下面证明
$$S^2(t)+C^2(t)=1.$$
事实上,将 $S^2(t)+C^2(t)$ 求导并利用 $C(t)=S'(t)$ 知,此导数为零,即为常数,由初始条件知此常数为 1. 这恰好是 $\sin^2 t+\cos^2 t=1$.

再证明
$$S(t+a)=S(t)C(a)+S(a)C(t).$$
事实上,$y(t)=S(t+a)$ 依然是方程(1)的解,且满足初始条件

$$y(0)=S(a), \quad y'(0)=S'(a).$$

同样地,$z(t)=S(t)C(a)+S(a)C(t)$ 也满足方程(1),并且有与上面同样的初始条件

$$z(0)=S(a), \quad z'(0)=S'(a).$$

因此,由唯一性知道,这两个解是一样的. 取 $a=t$ 有 $S(2t)=2S(t)C(t)$.

习题 1 证明 $C(t+a)=C(t)C(a)-S(a)S(t)$.

思考题 设初始点之后 $S(t)$ 的第一个零点为 π,估计 π 的值.

解 利用能量守恒 $x'(t)^2+x(t)^2=1$ 有,$dt=\dfrac{dx}{\sqrt{1-x^2}}$,当 t 从 0 变到 $\dfrac{\pi}{2}$ 时,x 从 0 变到 1,因此积分上式,有

$$\frac{\pi}{2}=\int_0^1 \frac{dx}{\sqrt{1-x^2}}.$$

将被积函数展开成幂级数,可以估计 π 的值.

$$\frac{1}{\sqrt{1-x^2}}=1+\frac{1}{2}x^2+\frac{3}{8}x^4+\frac{15}{48}x^6+\frac{105}{304}x^8+\cdots,$$

积分后有

$$\frac{\pi}{2}=1+\frac{1}{6}+\frac{3}{40}+\frac{15}{336}+\frac{105}{2736}+\cdots,$$

计算前 10 项可以得到 π 的近似值为 3.14159.

2 弦的振动——Fourier 级数——无穷多守恒量

现在考虑一根琴弦的振动. 这根弦把它两端固定,当我们拨弄这根弦的时候它就振动了,就会发出声音. 要研究的就是这个振动的规律. 首先要像弹簧那样建立振动的方程,这要困难许多,但是我们还是能够得到这个方程. 建立这个方程的过程是非常典型的,是用微分的方法处理这类问题的范例. 考虑这根弦上的一小段,也就是一个微元. 先建立坐标系,令弦静止时候所在的直线是 x 轴,弦的一端设为原点,另一端设为 l,这也是弦的长度. 设变量 u 代表 x 点处弦的位移,它是 x 和时间 t 的函数,记为 $u(x,t)$. 我们要建立的就是 u 所满足的方程,即 u 的运动规律. 弦的质量会影响运动,设这个弦是均匀的,也就是密度是常数 ρ.

取 x 到 $x+\Delta x$ 的一段,质量是 $\rho\Delta x$. 这段弦在弹力和重力的作用下运动,由于重力比弹力要小许多,我们忽略它. 通过一些野蛮(或者说恰当?)的近似,我们得到这个质量的振动方程为

$$\frac{\partial^2 u}{\partial^2 t}=a^2\frac{\partial^2 u}{\partial^2 x}, \tag{3}$$

这里 $a=\sqrt{\dfrac{T}{\rho}}$. 边界条件是两端固定,

$$u(0,t)=u(l,t)=0, \tag{4}$$

初始条件是有初始的位移和初始速度
$$u(x,0)=\phi(x), \tag{5}$$
$$u_t(x,0)=\varphi(x). \tag{6}$$

初始条件很容易说明:如果我们把一根弦拉起来然后停下松手,那么初始位移不为零,初始速度是零. 如果我们敲打一下弦,那么初始位移是零,初始速度不是零,如果我们快速把弦拉起的过程中松手,那么初始位移和速度都不是零. 为解这个方程,Fourier 提出了分离变量的方法,这个方法是非常有力的. 设解为
$$u(x,t)=X(x)T(t),$$

代入方程和边界条件有
$$T''(t)+\lambda a^2 T(t)=0,$$
$$X''(x)+\lambda X(x)=0, \quad X(0)=X(l)=0.$$

解 X 的方程由边界条件知道必须有 $\lambda>0$,记为 $\lambda=\beta^2$. 同时,对每个 $\beta_k=\dfrac{k\pi}{l}$ 得到 X 的解是
$$X_k(x)=A_k\sin(\beta_k x),$$

对于 $k=1,2,\cdots$. 同样地,得到
$$T_k(t)=B_k\sin(a\beta_k t)+D_k\cos(a\beta_k t).$$

因此对每一个 k 得到一个
$$u_k(x,t)=X_k(x)T_t(t)=\sin(\beta_k x)(B_k\sin(a\beta_k t)+D_k\cos(a\beta_k t)),$$

满足弦振动方程和边界条件. 但是明显地对一般的初始条件来说是不满足的. 为了构造出满足初始条件的解,Fourier 把这些解都加到一起有
$$u(x,t)=\sum_{k=1}^{+\infty}\sin(\beta_k x)(B_k\sin(a\beta_k t)+D_k\cos(a\beta_k t)).$$

这样依然满足方程和边界条件. 下面就需要知道这样是否能够满足初始条件. 代入到初始条件中有
$$\phi(x)=\sum_{k=1}^{+\infty}D_k\sin(\beta_k x),$$
$$\varphi(x)=\sum_{k=1}^{+\infty}a\beta_k B_k\sin(\beta_k x).$$

如果能从上述两个式子解出 B_k 和 D_k,就算求出了方程的解. 这件事很奇妙,我们恰好能做到. 比如,为了求 D_1,在第一个式子两边同时乘以 $\sin(\beta_1 x)$,然后在 0 到 l 之间积分,我们发现
$$\int_0^l \sin(\beta_n x)\sin(\beta_m x)\mathrm{d}x=0, m\neq n,$$
$$\int_0^l \sin^2(\beta_n x)\mathrm{d}x\neq 0,$$

这样就得到

$$D_k = \frac{\int_0^l \phi(x)\sin(\beta_k x)\,\mathrm{d}x}{\int_0^l \sin^2(\beta_k x)\,\mathrm{d}x},$$

$$B_k = \frac{\int_0^l \varphi(x)\sin(\beta_k x)\,\mathrm{d}x}{a\beta_k \int_0^l \sin^2(\beta_k x)\,\mathrm{d}x}.$$

需要对解做一些解释. 我们知道, $\omega_k = a\beta_k = \dfrac{k\pi}{l}\sqrt{\dfrac{T}{\rho}}$ 代表的是频率, 也就是声音的粗细, 也就是平时所说的声音的高低, 它和弦长成反比, 和弦的张力也就是松紧度的开方成正比, 和弦的密度 (对同一种材料一般是指粗细) 的开方成反比. 也就是说, 越长的弦声音越粗, 越粗的弦声音越粗, 越紧的弦声音越细. 对同一根弦来说, 为了调节声音的高低, 我们可以通过调节松紧度 (乐器上的旋钮) 以及调节弦长 (乐器上的把位).

这里有个特别有趣的事情, 就是初始条件给出的展开式, 这也称为 Fourier 级数. 与幂级数比较一下你会发现它们同样是关于函数展开的. 一个使用 x 的幂函数展开, 一个正弦函数展开.

下面求弦振动问题的无穷多守恒量. 设方程 (3) 的解为

$$u(x,t) = \sum_{k=1}^{+\infty} a_k(t)\sin(\beta_k x), \tag{7}$$

则解 (7) 满足边界条件 (4), 并设它也满足初始条件 (5) 和 (6). 将解 (7) 代入方程 (3) 得到 $a_k(t)$ 满足的方程为

$$a''_k(t) + (a\beta_k)^2 a_k(t) = 0,$$

相应的守恒量为能量

$$\frac{1}{2}(a'_k(t))^2 + \frac{1}{2}(a\beta_k)^2 a_k^2(t) = E_k(t) = E_k(0),$$

其中

$$E_k(0) = \frac{1}{2}(a'_k(0))^2 + \frac{1}{2}(a\beta_k)^2 a_k^2(0),$$

由初始条件决定. 事实上, 由初始条件知

$$\phi(x) = \sum_{k=1}^{+\infty} a_k(0)\sin(\beta_k x),$$

$$\varphi(x) = \sum_{k=1}^{+\infty} a'_k(0)\sin(\beta_k x).$$

由此可以得到

$$a_k(0) = \frac{2}{l}\int_0^l \phi(x)\sin(\beta_k x)\,\mathrm{d}x,$$

$$a'_k(0) = \frac{2}{l}\int_0^l \varphi(x)\sin(\beta_k x)\,\mathrm{d}x.$$

由

$$a_k(t) = \frac{2}{l}\int_0^l u(x,t)\sin(\beta_k x)\,\mathrm{d}x,$$

$$a_k'(t) = \frac{2}{l}\int_0^l u_t(x,t)\sin(\beta_k x)\,\mathrm{d}x,$$

将守恒量用 $u(x,t)$ 表示如下

$$\frac{1}{2}\left\{\frac{2}{l}\int_0^l u_t(x,t)\sin(\beta_k x)\,\mathrm{d}x\right\}^2 + \frac{1}{2}(a\beta_k)^2\left\{\frac{2}{l}\int_0^l u(x,t)\sin(\beta_k x)\,\mathrm{d}x\right\}^2 = E_k(0).$$

如果知道了这无穷多个守恒量，就可以解出 $u(x,t)$.

现在考虑一根无限长的弦的振动，也就是保留初始条件，边界条件去掉了. 取而代之要求在无穷远处位移为零，即

$$u(-\infty,t) = u(+\infty,t) = 0.$$

依然用分离变量法求解. 现在仍然有 β，只是这个 β 不在离散地取值了，而是可以是任何实数. 这样一来对每个 β，得到一个解满足方程和无穷远处的边界条件，但是不一定满足初始条件. 像前面有限情形一样，把所有的这些解加到一起，看看是不是能满足初始条件. 由于 β 是连续取值的，所以求和变成了积分，即

$$u(x,t) = \int_{-\infty}^{+\infty}\{A_1(\beta)\sin(\beta x) + B_1(\beta)\cos(\beta x)\}\{C_1(\beta)\sin(a\beta t) + D_1(\beta)\cos(a\beta t)\}\,\mathrm{d}\beta$$

$$= \int_{-\infty}^{+\infty}\{A(\beta)\mathrm{e}^{\mathrm{i}\beta(x+at)} + B(\beta)\mathrm{e}^{\mathrm{i}\beta(x-at)}\}\,\mathrm{d}\beta.$$

由初始条件有 Fourier 变换

$$\phi(x) = \int_{-\infty}^{+\infty}\{A(\beta) + B(\beta)\}\mathrm{e}^{\mathrm{i}\beta x}\,\mathrm{d}\beta = \int_{-\infty}^{+\infty} C(\beta)\mathrm{e}^{\mathrm{i}\beta x}\,\mathrm{d}\beta,$$

$$\varphi(x) = \int_{-\infty}^{+\infty}\mathrm{i}a\beta\{A(\beta) - B(\beta)\}\mathrm{e}^{\mathrm{i}\beta x}\,\mathrm{d}\beta = \int_{-\infty}^{+\infty} D(\beta)\mathrm{e}^{\mathrm{i}\beta x}\,\mathrm{d}\beta.$$

类似于前面 Fourier 级数情形，应该有 Fourier 变换的逆

$$C(\beta) = \frac{1}{2\pi}\int_{-\infty}^{+\infty}\phi(x)\mathrm{e}^{-\mathrm{i}\beta x}\,\mathrm{d}x,$$

$$D(\beta) = \frac{1}{2\pi}\int_{-\infty}^{+\infty}\varphi(x)\mathrm{e}^{-\mathrm{i}\beta x}\,\mathrm{d}x.$$

由此可以得到无限长弦的振动方程的解，由解的表达式可以看出方程的解可以写成

$$u(x,t) = f(x+at) + g(x-at)$$

的形式. 由初始条件有

$$\phi(x) = f(x) + g(x), \quad \varphi(x) = af'(x) + ag'(x).$$

由此可以解出 f 和 g. 这就是行波法.

关于弹簧振动问题的其他方法及推广, 我写了另一份讲义《从弹簧振动到可积系统》.

习题 2 求出无穷长弦振动问题的无穷多个守恒量.

3 利用在平面上任意直线上的积分值来重构二元函数 ——一种简单情形

1917 年, Radon 提出了一个有趣的想法, 就是通过一个二元函数在平面的任意直线上的积分值是否可以重构这个函数本身. Radon 自己解决了这个问题, 这就是所谓的 Radon 变换. 这个变换最直接的应用是医学中的 CT 扫描设备, 也称为断层扫描技术. 下面对于一个简单的情形来给出这个变换理论的一个主要细节.

在极坐标系下, 设一个二元函数只与半径有关, 即 $f=f(r)$. 为了考虑在直线上的积分, 要给出直线的表示. 设 p 是原点到直线的距离, 垂足为 H, φ 是法线与 x 轴的夹角. 那么一个固定的点 (p,φ) 就决定了一条直线, 此直线上任意一点 (x,y) 的方程可以写成

$$x\cos\varphi + y\sin\varphi = p,$$

其参数形式为

$$x = t\sin\varphi + p\cos\varphi, \quad y = -t\cos\varphi + p\sin\varphi,$$

其中 t 是直线上的参数, 表示到垂足 H 的距离, 则

$$x^2 + y^2 = (t\sin\varphi + p\cos\varphi)^2 + (-t\cos\varphi + p\sin\varphi)^2 = t^2 + p^2.$$

因此 f 在任意直线上的积分可以写成

$$F(p) = \int_{-\infty}^{+\infty} f(\sqrt{t^2 + p^2}) \mathrm{d}t.$$

我们的目的是通过 $F(p)$ 重构 $f(r)$. 通过变量代换有

$$F(p) = \int_{p^2}^{+\infty} \frac{f(\sqrt{t})}{\sqrt{t-p^2}} \mathrm{d}t,$$

从而自然有 $F(+\infty) = 0$. 由此可以重构 f 为

$$f(r) = -\frac{1}{\pi} \int_r^{+\infty} \frac{F'(p)}{\sqrt{p^2 - r^2}} \mathrm{d}p,$$

特别地, 有

$$f(0) = -\frac{1}{\pi} \int_0^{+\infty} \frac{F'(p)}{\sqrt{p^2}} \mathrm{d}p.$$

这并不容易看出来, 需要证明一下. 为了验证这个结论, 把

$$f(\sqrt{t}) = -\frac{1}{\pi} \int_{\sqrt{t}}^{+\infty} \frac{F'(p)}{\sqrt{p^2 - t}} \mathrm{d}p$$

代入到 $F(p)$ 的表达式中，交换积分顺序，有

$$-\frac{1}{\pi}\int_{p^2}^{+\infty}\frac{1}{\sqrt{t-p^2}}\int_{\sqrt{t}}^{+\infty}\frac{F'(s)}{\sqrt{s^2-t}}\mathrm{d}s\mathrm{d}t$$

$$=-\frac{1}{\pi}\int_{p}^{+\infty}F'(s)\mathrm{d}s\int_{p^2}^{s^2}\frac{1}{\sqrt{s^2-t}\sqrt{t-p^2}}\mathrm{d}t$$

$$=-\int_{p}^{+\infty}F'(s)\mathrm{d}s=F(p)-F(+\infty)=F(p),$$

这是因为 $F(+\infty)=0$. 另外在计算过程中利用了积分

$$\int_{p^2}^{s^2}\frac{1}{\sqrt{s^2-t}\sqrt{t-p^2}}\mathrm{d}t=\pi.$$

下面详细计算这个积分. 作变量代换

$$t-p^2=(s^2-t)k^2,$$

即

$$t=\frac{p^2-s^2}{1+k^2}+s^2,\quad \mathrm{d}t=\frac{2k(s^2-p^2)}{(1+k^2)^2}\mathrm{d}k.$$

从而有

$$\int_{p^2}^{s^2}\frac{1}{\sqrt{s^2-t}\sqrt{t-p^2}}\mathrm{d}t=2\int_{0}^{+\infty}\frac{1}{1+k^2}\mathrm{d}k=\pi.$$

对于一般的二元函数可以通过在圆周上作平均值，然后再对平均值函数利用前面的结果就可以重构出来，这就是 Radon 变换. 其想法是先求出在原点处函数值，在其他点处的值可以通过平移变换化成原点处的问题得到. 事实上，先把函数在极坐标系中对角度积分，于是就变成和角度无关了，并化成了刚刚处理的情形，即作函数

$$g(r)=\int_{0}^{2\pi}f(r\cos\varphi,r\sin\varphi)\mathrm{d}\varphi,$$

则有

$$g(0)=2\pi f(0,0).$$

根据前面的结果，如果知道了 $g(r)$ 在任何直线上的积分，则

$$G(p)=\int_{-\infty}^{+\infty}g(\sqrt{t^2+p^2})\mathrm{d}t.$$

那么就可以重构 $g(r)$ 本身. 特别地，可以求出 $g(0)$,

$$g(0)=-\frac{1}{\pi}\int_{0}^{+\infty}\frac{G'(p)}{\sqrt{p^2}}\mathrm{d}p.$$

而 $G(p)$ 对应于二元函数 f 在每一个到原点的距离都是 p 的直线上的积分再对角度 φ 求积分所得到的平均值. 这样若知道了函数 f 在每一条直线上的积分，那么就可以得到 $G(p)$，从而得到 $g(0)$，即得到 $f(0,0)$. 为了得到其他点处的函数值，通过平移把坐标原点移到该点，然后重复上述过程即可.

第十讲 Liouville 理论——为什么 e^{x^2} 的原函数不能表示成初等函数

为什么初等函数 e^{x^2} 的原函数不能用初等函数表示. 问题的实质是初等函数的原函数有特殊的结构. Liouville 发现了这种结构. 下面就是这个理论的详细解说.

1 初等函数的构造

初等函数就是利用基本初等函数通过加减乘除以及复合运算构造出来的函数. 其中加减乘除运算得到的是分式, 就是有理式, 这个过程得到函数集合称为函数域. 这是因为域中的元素通过四则运算还在这个域里面, 而新的函数需要通过在域中添加新的元素得到, 这个过程也产生复合函数.

(1) 复数域上的有理函数 $C(x)$, 其元素形如

$$y = \frac{P_n(x)}{Q_m(x)} = \frac{a_n x^n + \cdots + a_1 x + a_0}{b_m x^m + \cdots + b_1 x + b_0}.$$

(2) 在 $C(x)$ 上添加代数元素——代数扩张.

代数函数是根式函数的一般化. 一个代数函数 $y = y(x)$ 就是满足下式的函数

$$a_n(x) y^n + \cdots + a_1(x) y + a_0(x) = 0.$$

在 $C(x)$ 中添加一个代数函数得到的扩张域中, 其元素的一般形式是

$$b_{n-1}(x) y^{n-1} + \cdots + b_1(x) y + b_0(x),$$

这是因为 y 的高于 n 次的项可以用低于 n 次的项代替. 更重要的是可以通过分母有理化去掉分母中的 y.

(3) 在函数域上添加指数函数和对数函数——超越扩张.

因为 $y = \ln x$ 和 $y = e^x$ 都不满足代数方程, 所以添加这样的函数后, 扩张域中的一般元素为

$$\frac{a_n(x) y^n + \cdots + a_1(x) y + a_0(x)}{b_m(x) y^m + \cdots + b_1(x) y + b_0(x)}.$$

由于三角函数可以用指数函数表示, 反三角函数可以用对数函数表示, 所以所有的初等函数可以用有理函数、代数函数、指数函数和对数函数通过加、减、乘、除和复合构造出来, 即通过这种逐步添加代数函数和指数函数以及对数函数的过程, 我们就可以构造出所有的初等函数. 其中

$$\sin x = \frac{e^{ix} - e^{-ix}}{2i}, \quad \sinh x = \frac{e^x - e^{-x}}{2},$$

$$\arctan x = \frac{1}{2i} \ln \frac{1+ix}{1-ix}, \quad \operatorname{arctanh} x = \frac{1}{2} \ln \frac{1+x}{1-x}.$$

2 初等函数的导数

(1) 有理函数

$$y = \frac{a_n x^n + \cdots + a_1 x + a_0}{b_m x^n + \cdots + b_1 x + b_0}$$

的导数依然是有理函数.

若 x 也是函数,那么

$$y' = \left(\frac{P_n(x)}{Q_m(x)}\right)' x'.$$

(2) 考虑函数域上添加 y 后的求导问题——域扩张的求导

（ⅰ） y 是代数函数情形,即 y 满足

$$a_n(x) y^n + \cdots + a_1(x) y + a_0(x) = 0,$$

而 $K(y)$ 中的元素形如

$$z = P(x, y) = b_{n-1}(x) y^{n-1} + \cdots + b_1(x) y + b_0(x),$$

从而 z 的导数为

$$z' = \{(n-1) b_{n-1}(x) y^{n-2} + \cdots + b_1(x)\} y' + b'_{n-1}(x) y^{n-1} + \cdots + b_1'(x) y + b_0'(x).$$

y 的导数 y' 可以通过 y 满足的代数方程求得

$$\{n a_n(x) y^{n-1} + \cdots + a_1(x)\} y' + a_n'(x) y^n + \cdots + a_1'(x) y + a_0'(x) = 0,$$

所以有

$$y' = -\frac{a_n'(x) y^n + \cdots + a_1'(x) y + a_0'(x)}{n a_n(x) y^{n-1} + \cdots + a_1(x)} = -\frac{D_x P}{D_y P},$$

因此

$$z' = D_x z - \frac{D_x P D_y z}{D_y P}.$$

（ⅱ） y 是对数函数 $y = \ln x$. 有 $y' = \frac{1}{x} x'$. 因为 x 是 K 中的元素,所以 $\frac{x'}{x}$ 是 K 中的,即 $y' = \frac{1}{x} x'$ 是 K 中的.

（ⅲ） y 是指数函数 $y = e^x$,有 $y' = e^x x' = y x'$. 所以 $\frac{y'}{y} = x'$ 是 K 中的.

特别需要注意的是,扩张之后的域,其元素的导数还在这个扩张域里.

3 添加对数函数与指数函数后,关于复合多项式的导数的一个结果

(1) 设 y 是对数函数,即 $y' \in K$,那么关于 y 的多项式的导数依然是 y 的多项式. 事实上,若

$$f(y) = a_n y^n + \cdots + a_1 y + a_0,$$

那么
$$(f(y))' = a'_n y^n + \cdots + a_1' y + a_0' + (na_n y^{n-1} + \cdots + a_1) y',$$
当 $a'_n \neq 0$ 时,那么 $(f(y))'$ 也是 n 阶的. 当 $a'_n = 0$ 时,则一定有 $a_{n-1}' + na_n y' \neq 0$,即 $(f(y))'$ 是 $n-1$ 阶的. 否则,就有
$$(a_{n-1} + na_n y)' = a_{n-1}' + na_n y' + na'_n y = a_{n-1}' + na_n y' = 0.$$
这说明 $a_{n-1} + na_n y$ 是常数,即 y 是代数元,与也是对数函数矛盾.

(2) y 是指数函数,则 $\dfrac{y'}{y} = b \in K$,那么对于非零的 $a \in K$,有
$$(ay^n)' = a'y^n + nay^{n-1} y' = a'y^n + nay^{n-1} by = (a' + nab) y^n = hy^n,$$
故我们说 $h \neq 0$. 否则由 $a' + nab = 0$ 知,$(ay^n)' = 0$,即 ay^n 实常数,从而 y 是代数函数,与 y 是指数函数矛盾. 这说明 ay^n 的导数还是 n 阶的,因此 y 的 n 阶多项式的导数还是 y 的 n 阶的多项式. 由此知道,若 $(f(y))' = hf(y)$,则 $f(y)$ 是单项式. 事实上,假设 $f(y) = ay^n + cy^m + \cdots$,其中 $a \neq 0, c \neq 0, m \neq n$. 那么
$$(f(y))' = \frac{a' + nab}{a} ay^n + \frac{c' + mcb}{c} cy^m + \cdots.$$
若 $(f(y))' = hf(y)$,则有
$$\frac{a' + nab}{a} = \frac{c' + ncb}{c} = k,$$
即
$$\frac{a'}{a} + n \frac{y'}{y} = \frac{c'}{c} + m \frac{y'}{y},$$
从而 $\left(\ln \dfrac{ay^n}{cy^m} \right)' = 0$,即 $\dfrac{\left(\dfrac{ay^n}{cy^m}\right)'}{\dfrac{ay^n}{cy^m}} = 0$,有 $\left(\dfrac{ay^n}{cy^m} \right)' = 0$,这推出 $\dfrac{ay^n}{cy^m}$ 是常数,因此 y 是代数函数,与 y 是指数函数矛盾.

4　Liouville 定理及其证明

Liouville 定理 1　设 K 是函数域,即 K 中函数的加、减、乘、除后还在 K 中,并且导数也在 K 中,这样的域也称为微分域. 设 $\alpha \in K$ 是一个初等函数. 如果 $y' = \alpha$,并且 y 是在 K 的初等函数扩张域中,那么 $\alpha \in K$ 一定具有如下形式:
$$\alpha = \sum_{i=1}^{n} c_i \frac{u_i'}{u_i} + v',$$
其中 c_i 都是常数,$u_i \in K, v \in K$. 这样就推出
$$y = \sum_{i=1}^{n} c_i \ln u_i + v.$$

第十讲　Liouville 理论——为什么 e^{x^2} 的原函数不能表示成初等函数

这说明，若初等函数 $\alpha \in K$ 的原函数也是初等函数，那么 α 的形式是很特殊的. 反之，若 $\alpha = \sum_{i=1}^{n} c_i \dfrac{u_i'}{u_i} + v'$，则 $y = \sum_{i=1}^{n} c_i \ln u_i + v$ 是初等函数.

证明　y 是 K 上的初等函数的意思是：y 是通过逐步在 K 上添加代数函数、对数函数以及指数函数得到的，即

$$K \subset K(y_1) \subset K(y_1, y_2) \subset \cdots \subset K(y_1, \cdots, y_N), \quad y \in K(y_1, \cdots, y_N),$$

而 y_i 是 $K(y_1, \cdots, y_{i-1})$ 上的代数函数、对数函数或者指数函数.

下面对 N 用归纳法来证明定理. 首先当 $N=0$ 时，定理是成立的. 事实上，此时 $y \in K$，取 $v = y$，则 $\alpha = v' = y'$ 满足要求.

现在假设定理对于 $N-1$ 成立，即 y 是通过 $N-1$ 次添加得到的初等函数时定理成立. 下面证明对于 N 次添加也成立. 此时的技巧在于将 $K(y_1, \cdots, y_N)$ 当成 $K(y_1)(y_2, \cdots, y_N)$，即 $K(y_1)$ 作为基域看待，$K(y_1, \cdots, y_N)$ 是基域 $K(y_1)$ 上的 $N-1$ 次扩张. 那么由假设定理对于 $N-1$ 次扩张成立，则有

$$\alpha = \sum_{i=1}^{n} c_i \dfrac{(u_i(y_1))'}{u_i(y_1)} + (v(y_1))',$$

其中 c_i 是常数，$u_i(y_1) \in K(y_1)$，$v(y_1) \in K(y_1)$. 我们的目的是证明 α 进一步可以写成

$$\alpha = \sum_{i=1}^{n} c_i \dfrac{(U_i(y_1))'}{U_i(y_1)} + (V(y_1))',$$

其中 $U_i(y_1) \in K$，$V(y_1) \in K$. 下面分三种情形讨论.

(1) y_1 是代数元. 设 y_1 满足的 K 上的最小多项式为 $P_m(y) = 0$，此多项式的其他根为 $y_2, \cdots, y_m$.

要记住 α 是 K 中的元. 先求 y_1'，有

$$y_1' = -\dfrac{D_x P_m}{D_{y_1} P_m},$$

从而

$$\alpha = \left\{ \sum_{i=1}^{n} c_i \dfrac{u_i'(y_1)}{u_i(y_1)} + v'(y_1) \right\} y_1' = \left\{ \sum_{i=1}^{n} c_i \dfrac{u_i'(y_1)}{u_i(y_1)} + v'(y_1) \right\} \left(-\dfrac{D_x P_m}{D_{y_1} P_m} \right),$$

这是一个关于 y_1 的有理式. 通过分母有理化化成 y_1 的多项式. 又因为左边是 K 中的元素 α，所以这说明右边只有 y_1 的零次项，其他项系数全为零，即右侧与 y_1 无关. 从而将 y_1 用任何 y_j 代替都没有关系，即有

$$\alpha = \left\{ \sum_{i=1}^{n} c_i \dfrac{u_i'(y_j)}{u_i(y_j)} + v'(y_j) \right\} \left(-\dfrac{D_x P_m}{D_{y_j} P_m} \right) = \sum_{i=1}^{n} c_i \dfrac{(u_i(y_j))'}{u_i(y_j)} + (v(y_j))'.$$

将 j 从 1 加到 m，有

$$m\alpha = \sum_{j=1}^{m}\sum_{i=1}^{n} c_i \frac{(u_i(y_j))'}{u_i(y_j)} + \sum_{j=1}^{m}(v(y_j))'$$
$$= \sum_{i=1}^{n} c_i \Big(\sum_{j=1}^{m} \ln u_i(y_j)\Big)' + \Big(\sum_{j=1}^{m} v(y_j)\Big)'$$
$$= \sum_{i=1}^{n} c_i (\ln\{u_i(y_1)\cdots u_i(y_m)\})' + \Big(\sum_{j=1}^{m} v(y_j)\Big)'$$
$$= \sum_{i=1}^{n} c_i \frac{(u_i(y_1)\cdots u_i(y_m))'}{u_i(y_1)\cdots u_i(y_m)} + \Big(\sum_{j=1}^{m} v(y_j)\Big)',$$

右边每一项都是 m 个根的对称函数，因此都是 K 中的元素，即有

$$\alpha = \sum_{i=1}^{n} c_i \frac{w_i'}{w_i} + g',$$

其中 w_i, g 都是 K 中的元素.

(2) y_1 是超越元，即 y_1 为对数函数或者指数函数. 我们可以假设 $u_1(y_1), \cdots, u_n(y_1)$ 各不相同，并且都是首项系数是 1 的不可约多项式，否则可以继续分解. 当某个 $u_i(y_1)$ 是有理式时，例如, $u_i(t) = \frac{p(t)}{q(t)}$, 那么

$$\frac{(u_i(t))'}{u_i(t)} = \Big(\frac{p(t)}{q(t)}\Big)' \Big/ \frac{p(t)}{q(t)} = \frac{q(t)}{p(t)} \cdot \frac{(p(t))'q(t) - (q(t))'p(t)}{q^2(t)} = \frac{(p(t))'}{p(t)} - \frac{(q(t))'}{q(t)},$$

因此可以假设每个 $u_i(y_1)$ 都是多项式. 进一步地，若 $u_i(y_1)$ 不是首项系数是 1 的多项式，可以设 $u_i(y_1) = aw_i(y_1)$, 其中 $w_i(t)$ 是首项系数是 1 的多项式, 则

$$\frac{(u_i(t))'}{u_i(t)} = \frac{a'w_i(t) + a(w_i(t))'}{aw_i(t)} = \frac{a'}{a} + \frac{(w_i(t))'}{w_i(t)}.$$

因而可以假设每个 $u_i(y_1)$ 或者是 K 中元, 或者是 $K(y_1)$ 中的首项系数是 1 的不可约多项式. 对于 $v(y_1)$, 它至多是有理式, 因此可以作单分式分解, 即可以分解成多项式与某些分式的形式. 例如,

$$v(t) = v_0(t) + \frac{g_1(t)}{f(t)} + \frac{g_2(t)}{f^2(t)} + \cdots + \frac{g_r(t)}{f^r(t)},$$

这里 $g_i(t)$ 都是比 $f(t)$ 次数低的多项式, $f(t)$ 是首项系数是 1 的不可约多项式. 对于这样特殊形式的 α 的表达式,

$$\alpha = \sum_{i=1}^{n} c_i \frac{(u_i(y_1))'}{u_i(y_1)} + (v_0(y_1))' + \Big(\frac{g_1(y_1)}{f(y_1)}\Big)' + \Big(\frac{g_2(y_1)}{f^2(y_1)}\Big)' + \cdots + \Big(\frac{g_r(y_1)}{f^r(y_1)}\Big)',$$

要想右边的导数最后属于 K, 那么一定是要求很严格的才能不包含 y_1. 分两种情形讨论

（ⅰ）y_1 是对数函数, 即 $y_1 = \ln a, a \in K$. 从而 $y_1' = \frac{a'}{a}$. 假设 $f(t)$ 是 K 上的任何一个首项系数是 1 的不可约多项式, 那么可以断言 $u_i(t) \neq f(t)$. 事实上, 否则, 若某

第十讲 Liouville 理论——为什么 e^{x^2} 的原函数不能表示成初等函数

个 $u_i(t)=f(t)$,则 $\dfrac{(u_i(t))'}{u_i(t)}=\dfrac{(f(t))'}{f(t)}$. 那么因为 $(f(t))'$ 与 $f(t)$ 同阶或者低一阶(因为首项系数是 1,所以 $(f(t))'$ 比 $f(t)$ 低一阶). 为了消除这一项,$v(t)$ 中必须有一个相应的项. 而如果 $v(t)$ 含有 $\dfrac{g(t)}{f(t)}$ 形式的项,那么 $(v(t))'$ 中必然包含

$$\frac{(g(t))'f(t)-g(t)(f(t))'}{f^2(t)}=\frac{(g(t))'}{f(t)}-\frac{g(t)(f(t))'}{f^2(t)},$$

而 $\dfrac{g(t)(f(t))'}{f^2(t)}$ 不能被消去(因为 $(f(t))'$ 比 $f(t)$ 低一阶,所以 $f(t)$ 不能整除 $(f(t))'$,同理也不能整除 $g(t)$),因此最终的结果不能属于 K. 这说明对任一个首项系数是 1 的不可约多项式 $f(t)$ 都不能出现在 $v(t)$ 中,也不能作为某个 $u_i(t)$ 出现. 从而 $v(t)$ 是个多项式,且 $u_i(t)$ 属于 K,即 $u_i(y_1)$ 不含 y_1. 这样的话,我们有 $\sum_{i=1}^{n}c_i\dfrac{(u_i(y_1))'}{u_i(y_1)}\in K$. 而我们要求的是 $\alpha\in K$,所以有 $(v(y_1))'\in K$. 根据前面的结果,$(v(t))'$ 与 $v(t)$ 同阶或者比 $v(t)$ 低一阶,$(v(y_1))'\in K$,说明 $(v(t))'$ 是零阶的,而从 $v(t)$ 最多是一阶的,即有 $v(t)=ct+d$,其中 c 是常数,d 属于 K(c 是常数时,$(v(t))'$ 比 $v(t)$ 低一阶). 所以,$(v(t))'=c\dfrac{a'}{a}+d'$,即有

$$\alpha=\sum_{i=1}^{n}c_i\frac{u_i'}{u_i}+c\frac{a'}{a}+d',$$

这就是所要证明的形式.

(ⅱ) y_1 是指数函数,即 $y_1=e^b$,$b\in K$. 从而 $\dfrac{y_1'}{y_1}=b'$. 这说明 y_1 整除 $(y_1)'$. 下面把 y_1 记成 t. 当 $f(t)$ 是 K 上的任何一个首一的不可约多项式时,由前面的结论,我们知道 $(f(t))'$ 与 $f(t)$ 同阶的. 如果 $f(t)$ 整除 $(f(t))'$,充要条件是 $f(t)=at^n$(注意,当 $n>1$ 时它是可约的). 现在我们要求 $f(t)$ 是首一的不可约的,则一定有 $f(t)=t$. 所以只要 $f(t)\neq t$,就有 $f(t)$ 不整除 $(f(t))'$. 于是根据与(ⅰ)同样的理由,只要 $f(t)\neq t$,则 $f(t)$ 不能出现在 $v(t)$ 中作分母. 而且同时,任何 $u_i(t)\neq f(t)$. 于是有 $u_i(t)\neq f(t)$,$(v(t))'\in K$,且 $v(t)$ 的分母可以是 t^r,即 $v(t)=\sum a_jt^j$,其中 j 可以是正整数、零或者负整数. 而 $u_i(t)\in K$ 或者 $u_i(t)=t$,而且最多只能有一个 $u_i(t)=t$. 根据 $\dfrac{t'}{t}=\dfrac{y_1'}{y_1}=b'\in K$,知 $\sum_{i=1}^{n}c_i\dfrac{u_i'}{u_i}\in K$,从而 $(v(t))'\in K$. 而根据前面的结论,若 $v(t)$ 是多项式,则 $(v(t))'$ 与 $v(t)$ 同阶,所以 $v(t)\in K$. 若 $v(t)$ 不是多项式,假设 $v(t)$ 包含 $\dfrac{a}{t}$ 的项,那么 $(v(t))'$ 包含 $\dfrac{a't-at'}{t^2}=\dfrac{a'-ab'}{t}$ 的项,且不在 K 中. 而 $\left(\dfrac{d}{t^2}\right)'=\dfrac{d't^2-2dtt'}{t^4}$ 不属于 K,

且不能与 $\dfrac{a'-ab'}{t}$ 的项相消,从而 $v(t)$ 也不能包含 t 的负幂项,因此 $v(t) \in K$,这样就有

$$\alpha = c_1 \frac{t'}{t} + \sum_{i=2}^{n} c_i \frac{u'_i}{u_i} + v' = \sum_{i=2}^{n} c_i \frac{u'_i}{u_i} + (c_1 b + v)',$$

这里,$u_i \in K, c_1 b + v \in K$.

这就证明了 Liouville 定理.

5　Liouville 定理的应用——某些初等函数的原函数不能表示成初等函数的例子和证明

考虑形如 $f(z) e^{g(z)}$ 这类初等函数何时存在初等原函数的问题. 这里 $f(z)$ 和 $g(z)$ 都是有理函数,即两个多项式之比的形式,且 $f(z) \neq 0$ 和 $g(z)$ 不是常数. 首先指出 $t = e^{g(z)}$ 是超越函数,即不是代数函数(后面我们将给出证明). 这样的话 $f(z) e^{g(z)} = ft$ 就是在一个有理函数域 $C(z)$ 的超越扩张 $C(z,t)$ 里. 记 $K = C(z)$,则 $C(z,t) = K(t)$.

注　$C(z,t) = K(t)$ 是我们的原始函数所在的域,而不是 $K = C(z)$. 如果它存在初等原函数,那么根据 Liouville 定理,充要条件是

$$ft = \sum_{i=1}^{n} c_i \frac{u'_i}{u_i} + v',$$

其中 $u_i \in K(t), v \in K(t)$,即为 t 的有理函数. 而我们知道 $f \in K, g \in K$. 注意: ft 不属于 K,而是属于 $K(t)$,即 ft 是 t 的一次函数,因此必须有 $\sum_{i=1}^{n} c_i \dfrac{(u_i(t))'}{u_i(t)} + (v(t))'$ 也是 t 的一次函数. 与 Liouville 定理证明中的(ⅱ)相仿,知 $u_i(t)$ 或者是 $K = C(z)$ 中的元,或者是 $u_i(t) = t$,从而, $\sum_{i=1}^{n} c_i \dfrac{(u_i(t))'}{u_i(t)} \in K = C(z)$. 而 $v(t) = \sum b_j t^j$,且因为 ft 是 t 的一次函数,以及 $\sum_{i=1}^{n} c_i \dfrac{(u_i(t))'}{u_i(t)} \in K = C(z)$, $(v(t))'$ 等于二者的差,所以一定有

$$(v(t))' = b'_0 + (b_1 t)' = b'_0 + b'_1 t + b_1 t' = b'_0 + b'_1 t + b_1 t g' = b'_0 + (b'_1 + b_1 g')t,$$

这里 b_0' 是为了消去 $\sum_{i=1}^{n} c_i \dfrac{(u_i(t))'}{u_i(t)} \in K$. 从而有 $ft = (b'_1 + b_1 g')t$,即

$$f = b_1' + b_1 g',$$

也就是说 $f(z) e^{g(z)}$ 存在初等原函数的充要条件是 $f = b' + bg', b \in K = C(z)$. 这就证明了如下的结论.

Liouville 定理 2　$f(z) e^{g(z)}$ 存在初等原函数的充要条件是 $f = b' + bg', b \in K = C(z)$.

第十讲 Liouville 理论——为什么 e^{z^2} 的原函数不能表示成初等函数

推论 1 e^{z^2} 不存在初等原函数.

证明 设 $f(z)=1, g(z)=z^2$, 由上述的 Liouville 定理 2 知, e^{z^2} 存在初等原函数的充要条件是 $f=b'+g'b$, 即

$$1=b'+2zb,$$

且 b 是有理函数. 下面证明这个等式是不可能成立的. 反证法, 设

$$b=\frac{p}{q}, \quad (p,q)=1,$$

则 $b'=\frac{p'q-q'p}{q^2}$. 代入到前面的等式中从而有

$$q^2=p'q-q'p+2zpq,$$

整理得

$$q(q-p'-2zp)q=-q'p,$$

这说明 $q|q'p$. 因为 p 和 q 是互素的, 所以 $q|q'$. 因为 q 是多项式, 所以 q' 比 q 低一阶, 从而只能是 $q'=0$, 即 q 是常数. 因此 b 是一个多项式, 这样 $1=b'+2zb$ 是不可能成立的, 因为左面是常数, 右面是函数. 由此推出 e^{z^2} 不存在初等原函数.

推论 2 $\frac{1}{z}e^z$ 不存在初等原函数.

证明 设 $f(z)=\frac{1}{z}, g(z)=z$. 由上述的 Liouville 定理 2 知, $\frac{1}{z}e^z$ 存在初等原函数的充要条件是 $f=b'+g'v$, 即

$$\frac{1}{z}=b'+b,$$

且 b 是有理函数. 下面证明以上等式是不可能成立的. 可以通过解方程得到 b 的表达式, 看出它不是有理函数. 这里给个简单的证明. 反证之, 设 $b=\frac{p}{q}, (p,q)=1$, 则 $b'=\frac{p'q-q'p}{q^2}$, 代入到前面的等式中从而有

$$q^2=z(p'q-q'p+pq),$$

整理得

$$q(zp'+zp-q)=zq'p,$$

这说明 $q|zq'p$. 因为 p 和 q 是互素的, 所以 $q|zq'$. 因为 q 是多项式, 所以 q' 比 q 低一阶, 从而或者是 $q'=0$, 即 q 是常数, 因此 b 是一个多项式. 这样 $\frac{1}{z}=b'+b$ 是不可能成立的, 因为左面是真有理函数, 右面是多项式函数. 或者是 $q=\lambda zq'$, 其中 λ 是非零常数, 这推出 $q=Az^\lambda$, 从而 b' 的分母含有 $z^{\lambda+1}$, 这是不能满足 $\frac{1}{z}=b'+b$ 的. 由此推出 $\frac{1}{z}e^z$ 不存在初等原函数.

习题 证明 $\frac{\sin z}{z}$ 的原函数不是初等函数.(提示:将函数转化成 $\frac{e^z - e^{-z}}{z}$,此函数属于扩域 $C(z, e^z)$. 令 $t = e^z$, 由 Liouville 定理 1 知, 若所求原函数是初等的, 则有 $\frac{t - t^{-1}}{z} = \sum_{i=1}^{n} \frac{u_i'}{u_i} + v'$, 其中 $u_i \in C(z, t), v \in C(z, t)$, 然后论证这是不可能的.)

下面证明 $t = e^{g(z)}$ 是超越函数. 用反证法, 假设 $t = e^{g(z)}$ 是代数函数, 即它满足一个次数最低的多项式

$$e^{ng(z)} + a_{n-1} e^{(n-1)g(z)} + \cdots + a_1 e^{g(z)} + a_0 = 0,$$

求导有

$$ng' e^{ng(z)} + \cdots + a_0' = 0,$$

由于 $ng' \neq 0$, 否则 $t = e^{g(z)}$ 满足的是低一阶的多项式方程, 这与我们假设 n 是最低的阶矛盾. 所以有

$$e^{ng(z)} + \cdots + \frac{a_0'}{ng'} = 0,$$

这也是 $t = e^{g(z)}$ 满足的最低阶的多项式方程. 根据最小多项式的唯一性, 我们有两个对应项系数相等, 从而 $\frac{a_0'}{ng'} = a_0$, 即 $\frac{a_0'}{a_0} = ng'$, 等价于 $(\ln a_0 - ng)' = 0$. 这说明 $\ln a_0 - ng$ 是常数. 这时只能是 a_0 是常数, g 也是常数. 否则, 若 a_0 不是常数, 则 g 也不是常数. 那么若 a_0 是有理函数, 可以把 a_0 写成 $a_0 = \frac{p}{q}$, $(p, q) = 1$. 如此一来, 有 $\frac{a_0'}{a_0} = \frac{p'}{p} - \frac{q'}{q}$. 因为 p 和 q 都是多项式, 可以因式分解, 这样 $\frac{p'}{p}$ 和 $\frac{q'}{q}$ 都是一些分式的和, 其中每一个分式的分子都是常数, 分母是一次的. 而 g 是任意的有理函数, 因此 g' 的分母可以不是一次的. 这样等式 $\frac{a_0'}{a_0} = ng'$ 就不能成立, 这就矛盾了. 所以只能是 a_0 是常数, g 也是常数. 这又与前面的假设 g 不是常数矛盾. 这就证明了 $t = e^{g(z)}$ 是超越函数.

注 Liouville 定理给出了一个初等函数的原函数也可以表示成初等函数的充要条件. 进一步地可以考虑下面的问题: 什么样的初等函数, 它的原函数可以表示为初等函数和某些特殊的超越函数的组合? 例如, 取超越函数为椭圆函数、误差函数、Bessel 函数等. 其中关于误差函数的情形已经有人做过了, 而椭圆函数情形尚未得到解决. 其麻烦之处在于添加椭圆函数之后的域, 导数会不在这个扩域里. 避免这个麻烦的方法是同时添加这个椭圆函数的三阶多项式的根, 即同时做超越扩张和代数扩张. 另一个值得考虑的是, 原函数问题只是最简单的一阶微分方程的解的表示问题, 那么对于高阶的微分方程, 包括线性和非线性的情形, 如何将 Liouville 理论推广? Liouville 本人在其论文中就研究了高阶线性微分方程情形. 这个理论现在称为微分 Galois 理论. 至于非线性的情形, 还是有很广阔的研究前景的.

第十一讲 若干杂题

在本讲,给出若干问题新的处理方法以及讨论一些有趣的论题.

1 闭曲线所围面积公式与 Green 公式的另一个推导

本讲打算给出 Green 公式的一个新的推导. 这依然体现了我对数学理论的认识,就是普遍性是孕育在特例之中的. 先看一下二阶行列式表示有向面积.

引理 1 二阶行列式

$$\begin{vmatrix} x_1 & y_1 \\ x_2 & y_2 \end{vmatrix} = x_1 y_2 - x_2 y_1$$

表示向量 (x_1, y_1) 和 (x_2, y_2) 所形成的平行四边形的有向面积 S.

证明 不妨假设在第一象限,O 为坐标原点. 设 C 和 D 的坐标分别为 (x_1, y_1) 和 $(x_1 + x_2, y_1 + y_2)$,过 C 和 D 分别作 x 轴的垂线,与 x 轴分别交于 A 和 B 两点,从而有

$$S = 2S_{\triangle ODC} = 2(S_{\triangle OBC} - S_{\triangle OAD} - S_{梯形ABCD})$$
$$= 2\left[\frac{1}{2}(x_1 + x_2)(y_1 + y_2) - \frac{1}{2}x_1 y_1 - \frac{1}{2}(y_1 + y_1 + y_2)x_2\right]$$
$$= x_1 y_2 - x_2 y_1.$$

接着我们给出简单闭曲线所围面积的公式. 设 L 为一简单闭曲线,所围区域为 D,不妨设原点位于 D 内.

引理 2 D 的面积为

$$\iint_D \mathrm{d}x\mathrm{d}y = \frac{1}{2}\oint_{\partial D} x\,\mathrm{d}y - y\,\mathrm{d}x.$$

证明 设 A 的坐标为 (x, y),即 $r = OA = (x, y)$,$\mathrm{d}r = (\mathrm{d}x, \mathrm{d}y)$. 因此由引理 1 知 r 和 $\mathrm{d}r$ 组成的微元三角形的面积为

$$\mathrm{d}S = \frac{1}{2}\begin{vmatrix} x & y \\ \mathrm{d}x & \mathrm{d}y \end{vmatrix} = \frac{1}{2}(x\,\mathrm{d}y - y\,\mathrm{d}x),$$

因此 L 所围的面积为

$$\frac{1}{2}\oint_L x\,\mathrm{d}y - y\,\mathrm{d}x,$$

又由 D 的面积的二重积分表示可知结果成立.

引理 3　设 $P=P(x,y), Q=Q(x,y)$ 均为二元可微函数,则存在二元可微函数 P_1 和 Q_1,使得
$$P\mathrm{d}x+Q\mathrm{d}y=P_1\mathrm{d}Q_1-Q_1\mathrm{d}P_1.$$

证明　由常微分方程的结论知,存在积分因子 μ 使得
$$\mu P\mathrm{d}x+\mu Q\mathrm{d}y=\mathrm{d}\varphi(x,y),$$
取 $Q_1=\mu^{-\frac{1}{2}}, P_1=Q_1\varphi$,即得.

定理(Green 公式)　设 L 为分段光滑的简单闭曲线,所围区域为 D,P 和 Q 为 D 上连续二元可微函数,则有下面的 Green 公式
$$\oint P\mathrm{d}x+Q\mathrm{d}y=\iint\limits_{D}\left(\frac{\partial Q}{\partial x}-\frac{\partial P}{\partial y}\right)\mathrm{d}x\mathrm{d}y.$$

证明　不妨设原点在 D 内,否则作变量平移即可. 由引理 3 有
$$\frac{\partial P}{\partial y}=\frac{\partial p_1}{\partial y}\frac{\partial Q_1}{\partial x}+P_1\frac{\partial^2 Q_1}{\partial x\partial y}-\frac{\partial Q_1}{\partial y}\frac{\partial P_1}{\partial x}-Q_1\frac{\partial^2 P_1}{\partial x\partial y},$$
$$\frac{\partial Q}{\partial x}=\frac{\partial p_1}{\partial x}\frac{\partial Q_1}{\partial y}+P_1\frac{\partial^2 Q_1}{\partial x\partial y}-\frac{\partial Q_1}{\partial x}\frac{\partial P_1}{\partial y}-Q_1\frac{\partial^2 P_1}{\partial x\partial y}.$$

由这两个式子有
$$\frac{\partial Q}{\partial x}-\frac{\partial P}{\partial y}=2\left(\frac{\partial P_1}{\partial x}\frac{\partial Q_1}{\partial y}-\frac{\partial P_1}{\partial y}\frac{\partial Q_1}{\partial x}\right).$$

由引理 2 和引理 3 及上式有
$$\oint P\mathrm{d}x+Q\mathrm{d}y=\oint P_1\mathrm{d}Q_1-Q_1\mathrm{d}P=2\iint\limits_{D_1}\mathrm{d}P_1\mathrm{d}Q_1$$
$$=2\iint\limits_{D}\begin{vmatrix}\frac{\partial P_1}{\partial x} & \frac{\partial P_1}{\partial y}\\ \frac{\partial Q_1}{\partial x} & \frac{\partial Q_1}{\partial y}\end{vmatrix}\mathrm{d}x\mathrm{d}y=2\iint\limits_{D}\left(\frac{\partial P_1}{\partial x}\frac{\partial Q_1}{\partial y}-\frac{\partial P_1}{\partial y}\frac{\partial Q_1}{\partial x}\right)\mathrm{d}x\mathrm{d}y$$
$$=\iint\limits_{D}\left(\frac{\partial Q}{\partial x}-\frac{\partial P}{\partial y}\right)\mathrm{d}x\mathrm{d}y.$$

这就完成了 Green 公式的证明.

尽管利用了积分因子的存在性方法,走得远了些,但从概念上揭示了 Green 公式异常简明的几何意义,即 Green 公式只是面积的两种不同表达方式. 同时这也蕴涵了一个更深刻的哲学含义:一般性隐含于特殊性(或特例)之中.

这个结论可以给我们一种启发,就是二重积分可以化成边界的曲线积分来计算. 由 Green 公式知道,对于二重积分 $\iint\limits_{D}f(x,y)\mathrm{d}x\mathrm{d}y$,如果我们能找到函数 P 和 Q,满足
$$f(x,y)=\frac{\partial Q}{\partial x}-\frac{\partial P}{\partial y},$$

则二重积分可以化成 D 的边界上的曲线积分. 上述方程中 f 是已知的,因此有很大自由去选择 P 和 Q. 例如,可以选择 P 是常数,则 Q 是 f 的关于 x 的原函数,且可以相差一个关于 y 的任意函数. 如果取 $P=y$ 等,Q 依然可以很容易获得. 事实上,只要取定 P 就很容易求得 Q. 那么这样把二重积分化成边界上的曲线积分会使得积分变得容易些吗?或者可以导致更有趣的新观点吗?我觉得这不会使积分变得更容易,因为积分的过程是求原函数的过程,普通的二重积化成累次积分的过程就是要求两次原函数,而利用上式求 P 和 Q 就是求一次原函数的过程,再积分的时候还是要求一次原函数. 而 P 和 Q 的偏导数是差的形式,因此对于求 f 的两次原函数没有什么帮助. 也许你有好的例子来反驳我,试试看.

2 Euler 交错和的表示和计算问题

Euler 著名的求和公式

$$\sum_{k=1}^{\infty} \frac{1}{k^{2n}} = 2^{2n-1} \frac{B_n}{(2n)!} \pi^{2n}, \tag{1}$$

这里 B_n 是 Bernoulli 数,有多种方式可以证明和建立起来. 但对于奇数次幂

$$\sum_{k=1}^{\infty} \frac{1}{k^{2n+1}} = 1 + \frac{1}{2^3} + \frac{1}{3^3} + \frac{1}{4^3} + \cdots \tag{2}$$

的情形却所知甚少. 1978 年 Apery 证明了 $\sum_{k=1}^{\infty} \frac{1}{k^3}$ 为无理数,成为这一课题的最重要的进展,这之后直到 Rival 证明了形如式 (2) 的求和中有无穷多个无理数. 但我们并不知道式 (2) 中任一求和的确切表达式. 普通的猜测是

$$\sum_{k=1}^{\infty} \frac{1}{k^{2n+1}} = Q_{2n+1} \pi^{2n+1}, \tag{3}$$

这里 Q_{2n+1} 为一有理数(我猜测 Q_{2n+1} 为无理数). 若此猜测成立,则由于 π 的超越性, 式 (2) 当然均为无理数. 另外,由于

$$\sum_{k=1}^{\infty} \frac{1}{k^{2n+1}} = \sum_{k=1}^{\infty} \frac{1}{(2k)^{2n+1}} + \sum_{k=0}^{\infty} \frac{1}{(2k+1)^{2n+1}}$$

$$= \frac{1}{2^{2n+1}} \sum_{k=1}^{\infty} \frac{1}{k^{2n+1}} + \sum_{k=0}^{\infty} \frac{1}{(2k+1)^{2n+1}},$$

所以有

$$\frac{2^{2n+1}-1}{2^{2n+1}} \sum_{k=1}^{\infty} \frac{1}{k^{2n+1}} = \sum_{k=0}^{\infty} \frac{1}{(2k+1)^{2n+1}}.$$

因此只需考虑

$$\sum_{k=1}^{\infty} \frac{1}{(2k+1)^{2n+1}}. \tag{4}$$

与式(4)的困难相比,交错和

$$\sum_{k=1}^{\infty}(-1)^k \frac{1}{(2k+1)^{2n+1}}$$

却容易求得,有

$$\sum_{k=1}^{\infty}(-1)^k \frac{1}{(2k+1)^{2n+1}} = R_{2n+1}\pi^{2n+1}, \tag{5}$$

这里 R_{2n+1} 是能精确求得的有理数. 利用函数 t^{2n+1} 在 $[-\pi,\pi]$ 上的 Fourier 展开可以递归地得到上述交错和. 下面利用另一种方法去求此和, 即通过积分表示达到目的. 积分表示为

$$E_{2n+1} = \sum_{k=1}^{\infty}(-1)^k \frac{1}{(2k+1)^{2n+1}} = \int_0^1 \cdots \int_0^1 \frac{1}{1+x_1^2 \cdots x_{2n+1}^2} dx_1 \cdots dx_{2n+1}, \tag{6}$$

令 $x_1 = \dfrac{\sin\theta_1}{\cos\theta_2}, x_2 = \dfrac{\sin\theta_2}{\cos\theta_3}, \cdots, x_{2n} = \dfrac{\sin\theta_{2n}}{\cos\theta_{2n+1}}, x_{2n+1} = \dfrac{\sin\theta_{2n+1}}{\cos\theta_1}$,

有

$$dx_1 = \frac{\cos\theta_1}{\cos\theta_2}d\theta_1 + \frac{\sin\theta_1 \sin\theta_2}{\cos^2\theta_2}d\theta_2, \cdots,$$

$$dx_{2n} = \frac{\cos\theta_{2n}}{\cos\theta_{2n+1}}d\theta_{2n} + \frac{\sin\theta_{2n}\sin\theta_{2n+1}}{\cos^2\theta_{2n+1}}d\theta_{2n+1},$$

$$dx_{2n+1} = \frac{\cos\theta_{2n+1}}{\cos\theta_1}d\theta_{2n+1} + \frac{\sin\theta_{2n+1}\sin\theta_1}{\cos^2\theta_1}d\theta_1.$$

由外积的规则有

$$dx_1 \wedge \cdots \wedge dx_{2n+1} = \left[1 + \left(\frac{\sin\theta_1}{\cos\theta_2}\frac{\sin\theta_2}{\cos\theta_3}\cdots\frac{\sin\theta_{2n}}{\cos\theta_{2n+1}}\frac{\sin\theta_{2n+1}}{\cos\theta_1}\right)^2\right]d\theta_1 \wedge \cdots \wedge d\theta_{2n+1}.$$

从而积分(6)为

$$E_{2n+1} = \int \cdots \int_{D_{2n+1}} d\theta_1 \cdots d\theta_{2n+1},$$

这里积分区域 D_{2n+1} 为

$$D_{2n+1} = \left\{(\theta_1, \cdots, \theta_{2n+1}) \,\middle|\, \theta_i \geqslant 0, i = 1, \cdots, 2n+1, \theta_1 + \theta_2 \right.$$
$$\left. \leqslant \frac{\pi}{2}, \theta_2 + \theta_3 \leqslant \frac{\pi}{2}, \cdots, \theta_{2n+1} + \theta_1 \leqslant \frac{\pi}{2}\right\},$$

易见 D_{2n+1} 为 $2n+1$ 维的多面体, E_{2n+1} 即为 D_{2n+1} 的体积. 下面看一下具体情形.

当 $n=1$ 时, 有

$$E_3 = \iiint_{\substack{x_1+x_2 \leqslant \frac{\pi}{2} \\ x_2+x_3 \leqslant \frac{\pi}{2} \\ x_3+x_1 \leqslant \frac{\pi}{2} \\ x_i \geqslant 0}} dx_1 dx_2 dx_3 = \iiint_{\substack{x_1+x_2 \leqslant \frac{\pi}{2} \\ x_2+x_3 \leqslant \frac{\pi}{2} \\ x_i \geqslant 0}} dx_1 dx_2 dx_3 - \iiint_{\substack{x_1+x_2 \leqslant \frac{\pi}{2} \\ x_2+x_3 \leqslant \frac{\pi}{2} \\ x_3+x_1 > \frac{\pi}{2} \\ x_i \geqslant 0}} dx_1 dx_2 dx_3.$$

记上式右边第一个和第二个积分分别分 I_1 和 I_2, 分别计算有

$$I_1 = \int_0^{\frac{\pi}{2}} dx_1 \int_0^{\frac{\pi}{2}-x_1} dx_2 \int_0^{\frac{\pi}{2}-x_2} dx_3 = \frac{\pi^3}{24},$$

$$I_2 = \int_0^{\frac{\pi}{4}} dx_2 \int_{x_2}^{\frac{\pi}{2}-x_2} dx_1 \int_{\frac{\pi}{2}-x_1}^{\frac{\pi}{2}-x_2} dx_3 = \frac{\pi^3}{96},$$

从而 $E_3 = I_1 - I_2 = \dfrac{\pi^3}{32}.$

当 $n=2$ 时,有

$$E_5 = \int_{D_1}\cdots\int dx_1\cdots dx_5 - \int_{D_2}\cdots\int dx_1\cdots dx_5 + \int_{D_3}\cdots\int dx_1\cdots dx_5 - \int_{D_4}\cdots\int dx_1\cdots dx_5,$$

这里

$$D_1 = \left\{(x_1,\cdots,x_5) \,\Big|\, x_1 + x_2 \leqslant \frac{\pi}{2},\cdots,x_4 + x_5 \leqslant \frac{\pi}{2}, x_i \geqslant 0, i=1,\cdots,5\right\},$$

$$D_2 = \left\{(x_1,\cdots,x_5) \,\Big|\, x_2 + x_3 \leqslant \frac{\pi}{2}, x_3 + x_4 \leqslant \frac{\pi}{2}, x_4 + x_5 \leqslant \frac{\pi}{2}, x_5 + x_1 \geqslant \frac{\pi}{2},\right.$$
$$\left. x_i \geqslant 0, i=1,\cdots,5\right\},$$

$$D_3 = \left\{(x_1,\cdots,x_5) \,\Big|\, x_1 + x_2 \geqslant \frac{\pi}{2}, x_2 + x_3 \leqslant \frac{\pi}{2}, x_4 + x_5 \leqslant \frac{\pi}{2}, x_5 + x_1 \geqslant \frac{\pi}{2},\right.$$
$$\left. x_i \geqslant 0, i=1,\cdots,5\right\},$$

$$D_4 = \left\{(x_1,\cdots,x_5) \,\Big|\, x_1 + x_2 \geqslant \frac{\pi}{2}, x_2 + x_3 \leqslant \frac{\pi}{2}, x_3 + x_4 \geqslant \frac{\pi}{2}, x_4 + x_5 \leqslant \frac{\pi}{2},\right.$$
$$\left. x_5 + x_1 \geqslant \frac{\pi}{2}, x_i \geqslant 0\right\},$$

$$I_1 = \int_{D_1}\cdots\int dx_1\cdots dx_5 = \int_0^{\frac{\pi}{2}} dx_1 \int_0^{\frac{\pi}{2}-x_1} dx_2 \int_0^{\frac{\pi}{2}-x_2} dx_3 \int_0^{\frac{\pi}{2}-x_3} dx_4 \int_0^{\frac{\pi}{2}-x_4} dx_5 = \frac{\pi^5}{240},$$

$$I_2 = \int_{D_2}\cdots\int dx_1\cdots dx_5 = \int_0^{\frac{\pi}{2}} dx_2 \int_0^{\frac{\pi}{2}-x_2} dx_3 \int_0^{\frac{\pi}{2}-x_3} dx_4 \int_0^{\frac{\pi}{2}-x_4} dx_5 \int_{\frac{\pi}{2}-x_5}^{\frac{\pi}{2}} dx_1 = \frac{3}{1280}\pi^5,$$

$$I_3 = \int_{D_3}\cdots\int dx_1\cdots dx_5 = \int_0^{\frac{\pi}{2}} dx_1 \int_0^{x_1} dx_3 \int_{\frac{\pi}{2}-x_1}^{\frac{\pi}{2}-x_3} dx_2 \int_0^{x_1} dx_4 \int_{\frac{\pi}{2}-x_1}^{\frac{\pi}{2}-x_4} dx_5 = \frac{\pi^5}{640},$$

$$I_4 = \int_{D_4}\cdots\int dx_1\cdots dx_5 = \int_{\frac{\pi}{4}}^{\frac{\pi}{2}} dx_1 \int_{\frac{\pi}{2}-x_1}^{x_1} dx_2 \int_{\frac{\pi}{2}-x_1}^{\frac{\pi}{2}-x_2} dx_3 \int_{\frac{\pi}{2}-x_3}^{x_1} dx_4 \int_{\frac{\pi}{2}-x_1}^{\frac{\pi}{2}-x_4} dx_5 = \frac{\pi^5}{7680},$$

所以

$$E_5 = I_1 - I_2 + I_3 - I_4 = \frac{5}{1536}\pi^5.$$

一般情形的计算留给读者作为一个挑战!

一个有趣的发现是,这个和与多面体是有联系的. 在 $n=1$ 的情形 D_3 的形状是可以作出来的,这是一个六面体,作为两个有公共底面的四面体的并,两个顶点分别

为 $(0,0,0)$ 和 $\left(\dfrac{\pi}{4},\dfrac{\pi}{4},\dfrac{\pi}{4}\right)$，底为 $x_1+x_2+x_3=\dfrac{\pi}{2}$ 在第一象限内的截面，其面积为

$$S=\frac{\sqrt{3}}{8}\pi^2,$$

高为两顶点之间的距离 $h=\dfrac{\sqrt{3}}{4}\pi$，从而体积为

$$E_3=\frac{1}{3}Sh=\frac{\pi^3}{32}.$$

这与第二部分中的积分计算当然是一致的.

对于 $n\geqslant 2$ 的情形，我们远没有这么幸运，此时这种高维的多面体是什么样子的并非简单地考虑就可得到，在此依然提出作为对读者的第二个挑战.

另一个奇妙之处是奇偶情形是不一样的，体现了交换和反交换的差别. 事实上

$$\sum_{k=0}^{\infty}\frac{1}{(2k+1)^{2n}}=\int_0^1\cdots\int_0^1\frac{1}{1-x_1^2\cdots x_{2n}^2}\mathrm{d}x_1\cdots\mathrm{d}x_n, \tag{7}$$

在坐标变换

$$x_1=\frac{\sin\theta_1}{\cos\theta_2},x_2=\frac{\sin\theta_2}{\cos\theta_3},\cdots,x_{2n-1}=\frac{\sin\theta_{2n-1}}{\cos\theta_{2n}},x_{2n}=\frac{\sin\theta_{2n}}{\cos\theta_1}$$

下，有

$$\begin{aligned}\mathrm{d}x_1\wedge\cdots\wedge\mathrm{d}x_n&=\left[1-\left(\frac{\sin\theta_1}{\cos\theta_2}\cdots\frac{\sin\theta_{2n-1}}{\cos\theta_{2n}}\frac{\sin\theta_{2n}}{\cos\theta_1}\right)^2\right]\mathrm{d}\theta_1\wedge\cdots\wedge\mathrm{d}\theta_{2n}\\ &=(1-x_1^2\cdots x_{2n}^2)\mathrm{d}x_1\wedge\cdots\wedge\mathrm{d}x_{2n}.\end{aligned}$$

式 (7) 和式 (5) 相比，被积函数分别为 $\dfrac{1}{1+x_1^2\cdots x_{2n+1}^2}$ 和 $\dfrac{1}{1-x_1^2\cdots x_{2n}^2}$. 这种差别是由于外积的反交换性造成的，对外代数来说，$\mathrm{d}x_i\wedge\mathrm{d}x_j=-\mathrm{d}x_j\wedge\mathrm{d}x_i$，在积分变量代换时，Jacobi 行列式的计算通过外积是自然得到的

$$\begin{aligned}\mathrm{d}x_1\wedge\cdots\wedge\mathrm{d}x_n=&\frac{\cos\theta_1}{\cos\theta_2}\frac{\cos\theta_2}{\cos\theta_3}\cdots\frac{\cos\theta_m}{\cos\theta_1}\mathrm{d}\theta_1\wedge\cdots\wedge\mathrm{d}\theta_m\\ &+\left(\frac{\sin\theta_1}{\cos\theta_2}\cdots\frac{\sin\theta_{m-1}}{\cos\theta_m}\frac{\sin\theta_m}{\cos\theta_1}\right)^2\mathrm{d}\theta_2\wedge\cdots\wedge\mathrm{d}\theta_m\wedge\mathrm{d}\theta_1,\end{aligned}$$

正是后一项造成了差别. 若想写成 $\mathrm{d}\theta_1\wedge\mathrm{d}\theta_2\wedge\cdots\wedge\mathrm{d}\theta_m$ 的形式，$\mathrm{d}\theta_1$ 要交换 $m-1$ 次，连续向左对换 $m-1$ 次，每一次对换要变一次符号，因此最终有一个因子 $(-1)^{m-1}$. 当 m 为偶数时，$(-1)^{m-1}=-1$，因此对应于偶数时被积分函数取 $\dfrac{1}{1-x_1^2\cdots x_m^2}$，在奇数时取被积函数为 $\dfrac{1}{1+x_1^2\cdots x_{m+1}^2}$. 这样能容易计算积分. 另外，利用 Fourier 级数的方法计算时，由于分部积分时正弦和余弦函数的变号同样造成了奇偶情形的差别. 下面看看偶数情形：

$$\sum_{k=0}^{\infty} \frac{1}{(2k+1)^2} = \int_0^1 \int_0^1 \frac{1}{1-x^2 y^2} dx dy = \iint_{\theta_1+\theta_2 \leqslant \frac{\pi}{2}} d\theta_1 d\theta_2 = \frac{\pi^2}{8},$$

$$\sum_{k=0}^{\infty} \frac{1}{(2k+1)^4} = \int_0^1 \int_0^1 \int_0^1 \int_0^1 \frac{1}{1-x_1^2 x_2^2 x_3^2 x_4^2} dx_1 dx_2 dx_3 dx_4$$

$$= \int \cdots \int_{\substack{\theta_1+\theta_2 \leqslant \frac{\pi}{2} \\ \cdots \\ \theta_4+\theta_1 \leqslant \frac{\pi}{2}}} d\theta_1 \, d\theta_2 d\theta_3 d\theta_4$$

$$= \int \cdots \int_{\substack{\theta_1+\theta_2 \leqslant \frac{\pi}{2} \\ \theta_2+\theta_3 \leqslant \frac{\pi}{2} \\ \theta_3+\theta_4 \leqslant \frac{\pi}{2}}} d\theta_1 \cdots d\theta_4 - \int \cdots \int_{\substack{\theta_1+\theta_2 \leqslant \frac{\pi}{2} \\ \theta_2+\theta_{31} \leqslant \frac{\pi}{2} \\ \theta_3+\theta_4 \leqslant \frac{\pi}{2} \\ \theta_4+\theta_1 \geqslant \frac{\pi}{2}}} d\theta_1 \cdots d\theta_4.$$

上式最后一个等号右边第一项、第二项分别记为 I_1 和 I_2，有

$$I_1 = \int_0^{\frac{\pi}{2}} d\theta_1 \int_0^{\frac{\pi}{2}-\theta_1} d\theta_2 \int_0^{\frac{\pi}{2}-\theta_2} d\theta_3 \int_{0_1}^{\frac{\pi}{2}-\theta_3} d\theta_4 = \left(\frac{1}{64} - \frac{1}{24 \times 16}\right) \pi^4,$$

$$I_2 = \int \cdots \int_{\substack{\theta_1+\theta_2 \leqslant \frac{\pi}{2} \\ \theta_3+\theta_4 \leqslant \frac{\pi}{2} \\ \theta_4+\theta_1 \geqslant \frac{\pi}{2}}} d\theta_1 \cdots d\theta_4 - \int \cdots \int_{\substack{\theta_1+\theta_2 \leqslant \frac{\pi}{2} \\ \theta_2+\theta_3 \geqslant \frac{\pi}{2} \\ \theta_3+\theta_4 \leqslant \frac{\pi}{2} \\ \theta_4+\theta_1 \geqslant \frac{\pi}{2}}} d\theta_1 \cdots d\theta_x$$

$$= \int_0^{\frac{\pi}{2}} d\theta_2 \int_0^{\frac{\pi}{2}-\theta_2} d\theta_3 \int_{\theta_3}^{\frac{\pi}{2}-\theta_3} d\theta_1 \int_{\frac{\pi}{2}-\theta_1}^{\frac{\pi}{2}-\theta_3} d\theta_4 - 0 = \frac{\pi^4}{24 \times 16},$$

从而

$$\sum_{k}^{\infty} \frac{1}{(2k+1)^4} = \frac{\pi^4}{96}.$$

对奇偶情形积分区域均由线性不等式给出，即

$$D_m = \left\{ (x_1 \cdots x_m) \,\bigg|\, x_1+x_2 \leqslant \frac{\pi}{2}, \cdots, x_{m-1}+x_m \leqslant \frac{\pi}{2}, x_m+x_1 \leqslant \frac{\pi}{2}, x_i \geqslant 0, i=1,\cdots,m \right\}.$$

记

$$A_m = \begin{bmatrix} 1 & 1 & 0 & 0 & \cdots & 0 & 0 & \frac{\pi}{2} \\ 0 & 1 & 1 & 0 & \cdots & 0 & 0 & \frac{\pi}{2} \\ \vdots & \vdots & \vdots & \vdots & & \vdots & \vdots & \vdots \\ 0 & 0 & 0 & 0 & \cdots & 1 & 1 & \frac{\pi}{2} \\ 1 & 0 & 0 & 0 & \cdots & 0 & 1 & \frac{\pi}{2} \end{bmatrix}.$$

通过归纳法可以证明 A_m 的秩为
$$R(A_{2m}) = 2m-1,$$
$$R(A_{2m+1}) = 2m+1.$$
所以对于偶的情形 A_m 不是满秩的. 此时, 下列方程组
$$\begin{cases} x_1 + x_2 = \dfrac{\pi}{2}, \\ \cdots\cdots \\ x_m + x_1 = \dfrac{\pi}{2} \end{cases}$$
的解空间为一维的. 对应于多面体情形, 这些方程组中每一个方程所对应的超平面交于一条棱而不是一个点. 在奇的情形, A_m 是满秩的, 因而解空间是一个点, 对应于多面体的一个顶点. 以上差别说明几何上这些多面体是不同类型的.

通过变量代换和分部积分法, 可以将 Euler 和的重积分表示化成单积分表示, 例如,
$$\int_0^1\int_0^1\int_0^1 \frac{1}{1+x^2y^2z^2}\mathrm{d}x\mathrm{d}y\mathrm{d}z \xrightarrow{xyz=t} \int_0^1\int_0^1 \frac{1}{yz}\int_0^{yz} \frac{1}{1+t^2}\mathrm{d}t\mathrm{d}y\mathrm{d}z$$
$$\xrightarrow{yz=s} \int_0^1 \frac{1}{z}\int_0^z \frac{1}{s}\int_0^s \frac{1}{1+t^2}\mathrm{d}t\mathrm{d}s\mathrm{d}z = \int_0^1 \frac{\ln^2 z}{1+z^2}\mathrm{d}z \xrightarrow{\ln z=s} \int_0^{+\infty} \frac{s^2 \mathrm{e}^s}{1+\mathrm{e}^{2s}}\mathrm{d}s, \quad (8)$$
奇数的一般情形和偶数情形的推导是一个非常好的练习, 留给读者. 问题是: 如果单纯地给出积分
$$\int_0^{+\infty} \frac{s^2 \mathrm{e}^s}{1+\mathrm{e}^{2s}}\mathrm{d}s$$
有直接的办法计算吗? 这是对读者的第四个挑战. 最后我们给出一个猜想. 由于
$$\sum_{k=0}^{\infty}(-1)^k \frac{1}{(2k+1)^{2n+1}} = \sum_{k=0}^{\infty}\frac{1}{(4k+1)^{2n+1}} - \sum_{k=0}^{\infty}\frac{1}{(4k+3)^{2n+1}} = A - B = R_{2n+1}\pi^{2n+1},$$
若能够建立 A 和 B 之间的另一个关系
$$g(A,B) = 0,$$
则可以求出 A 和 B, 因此就可以得到 Euler 和
$$\sum_{k=0}^{\infty}\frac{1}{(2k+1)^{2n+1}} = A + B = h(A,B)\pi^{2n+1}.$$
我猜测 $g(A,B)$ 是一个超越函数. 当然, 如果 $g(A,B)$ 是一个多项式的形式就更好了, 我们也并不感到惊奇, 因为目前对此还一无所知.

3 Brouwer 的不动点定理和 Poincaré 不动点定理

在二维的情形，Brouwer 不动点定理说的是：圆盘上的连续自映射一定有不动点。这是我接触的第一个非平凡的拓扑学定理。在大学三年级的时候（1989 年），我一直试图看出这个不动点为什么存在。几乎所有的证明都是反证法，通过矛盾性证明了这个不动点是存在的。我对这些证明都不满意，不论这些证明多么优美！经过很长时间的思考，1990 年的一天我在图书馆阅览室一边看论文，一边随手画着，忽然间我看到了这个不动点，我终于理解了它！下面是我当时的思考结果。

我们看一个连续的函数 $f(x)$，定义在 $[0,1]$ 上，它的取值也不超过 $[0,1]$。那么很容易看出有一个点 x_0，满足 $f(x_0)=x_0$，这个点称为不动点。画一下图很清楚就看到了。下面看一个二维的变换，它把 $[0,1]\times[0,1]$ 上的点还连续地变到这个正方形中。这个变换可以表示成

$$(x,y) \to (f(x,y), g(x,y)),$$

其中 f,g 都是连续的二元函数。那么 Brouwer 不动点定理说的就是存在一个点 (x_0, y_0) 满足

$$(f(x_0,y_0), g(x_0,y_0)) = (x_0, y_0),$$

即这个点是不动的。这个定理很著名，是数学中的基本结论之一。这里不给严格的证明，但是要给出一个直观的证明，也就是要看出这个不动点是真的存在。设这个正方形的四个顶点分别为 $ABCD$，其中底边是 AB，顶边是 CD，左边是 DA，右边是 BC。有前面一维函数的结论知道，如果固定 y，那么 $f(x,y)=x$ 有一个不动点 $x_0(y)$，它依赖于 y，当 y 从 0 变到 1 的时候，$x_0(y)$ 从 AB 边出发一直连到 CD 边；同样地，固定 x，那么 $g(x,y)=y$ 有一个不动点 $y_0(x)$，它依赖于 x，当 x 从 0 变到 1 的时候，$y_0(x)$ 从 DA 边出发一直连到 BC 边。因此这两条连线要互相穿过，一定相交于至少一点 (x_0,y_0)。这就是所需要的不动点。至此我们看到了这个点真的存在。

把这个想法严格化的麻烦之处在于当固定 y 的时候 $f(x,y)=x$ 的解一般有多个，是个集合，随着 y 的变化，解集也在变化，但总是可以找到一个单值的分支。对第二个函数也是一样可以找到不动点的一个单值分支，这两个分支的交点就是 Brouwer 不动点。

下面考虑另一个著名的不动点定理，它是 Poincaré 研究三体问题时提出来的，并且在临终前提交给杂志出版，但是没有给出严格的证明，之后由 Birkhorff 给出了第一个严格的论证，再后来发展成著名的 Arnold 猜想，是 Hamilton 力学和辛几何中最著名的猜想，后来这个猜想得到了证明。Poincaré 不动点定理说的是：给定一个圆环区域，一个映射圆环到圆环的连续自映射将圆环的外圆顺时针转一下，而内圆逆时针转一下，这个映射还要保持面积不变，就是把圆环中的一块映射到另一块时，面积

不发生改变,那么 Poincaré 断言,至少有两个点是不动的.

我在南京大学读研究生的时候,思考过这个问题,然后用我前面分析 Brouwer 不动点的方法给出了一个直观的证明.之后我写信给杨化通,告诉了他这个定理.杨化通在给我的回信中,说他在地上转了三圈,然后就看出了这两个不动点.杨化通的分析比我的好很多,他的论证如下:考虑两个同心圆,每个半径在两个圆之间的部分,设为 AB,在映射下,它将发生变形.由于内外两个圆的旋转方向相反,则 AB 变形后的像 $A'B'$ 一定与 AB 相交,假设只交于一点 Q,这个 Q 在像 $A'B'$ 上,所以一定是由 AB 上的某一点 P 变来的.这样,当把这个半径转一圈时,P 就形成一个封闭的曲线 C_1,同样 Q 也形成一个封闭的曲线 C_2. C_2 是由 C_1 映射而成的,根据保持面积的假设,C_2 和 C_1 所围成的面积相等,并且它们都包围着内圆,因此一定相交,且至少交于两点.因为要是交于一点,就说明它们相切,并一个包围另一个,这与保面积矛盾.后来在 Arnold 的《经典力学的数学方法》的附录 9 中,我们看到 Arnold 只用一句话就得到了这个结论:考虑径向的运动.

把这个想法严格化的考验依然来自像 $A'B'$ 与 AB 可能相交于多个点.理解一个定理和证明一个定理之间往往存在很大的距离,但是理解了还是充满乐趣的.

问题 1 把一个圆盘,中间挖去两个洞,得到一个带两个洞的区域.这个区域的一个连续自映射保面积,并且使得外圆顺时针转,两个内洞边缘都逆时针转,问至少存在几个不动点?三个洞呢?一般 n 个洞呢?

4 Rolle 定理及其高维和无穷维推广的问题

对于一个导数存在的函数 f 定义在区间 $[a,b]$ 上,如果它在端点的函数值相等,即 $f(a)=f(b)$,那么显然在区间的内部一定有一个点 x_0,函数在这点处的切线是水平的,即满足 $f'(x_0)=0$,这就是 Rolle 定理.

把这个结果推广到高维,比如,二维情况就是:对于一个光滑的二元函数,定义在一个有边界的区域上,在边界上函数取固定值,那么在区域内部一定存在一点,曲面在这点处的切平面是水平的.对于 n 维也一样,在边界是常数,则在内部某一点处所有偏导数是零.

如果把这个结果推广到无穷维将是不对的.对于普通 n 维欧氏空间的无穷推广是最简单的 Hilbert 空间,它定义为
$$l^2 = \{(x_1, \cdots, x_n, \cdots) | x_1^2 + \cdots + x_n^2 + \cdots < +\infty\},$$
这里的向量是无穷维的,有无穷多的分量,每个向量的长度定义为
$$|x| = (x_1^2 + \cdots + x_n^2 + \cdots)^{1/2}.$$
无穷维的单位球定义为
$$B = \{(x_1, \cdots, x_n, \cdots) | x_1^2 + \cdots + x_n^2 + \cdots \leqslant 1\},$$

第十一讲 若干杂题

相应的无穷维单位球面是
$$S=\{(x_1,\cdots,x_n,\cdots)\mid x_1^2+\cdots+x_n^2+\cdots=1\},$$
内部为
$$N=\{(x_1,\cdots,x_n,\cdots) x_1^2+\cdots x_n^2+\cdots<1 \}.$$

那么可以构造一个无穷维函数,它在 S 上等于 0,但是在 N 上处处导数不是零.因此 Rolle 定理在无穷维是不成立的.进而我们分析一下要使得 Rolle 定理在无穷维成立,对函数本身要限制怎样的条件,这将是很有趣的一件事.首先对任何 n 都有 n 维单位球面 $S^n\subset S$,从而 f 在每个 n 维单位球面上都为 0.根据有限维的 Rolle 定理,在每个 n 维单位球内部都存在一点 θ_n,使得 $df(\theta_n)=0$.问题是当 n 趋于无穷大时候,θ_n 不见得有极限,甚至不见得存在一个有极限的子序列,比如,$\theta_n=\left(0,\cdots,0,\dfrac{1}{2},0,\cdots\right)$,这里第 n 个坐标是 $\dfrac{1}{2}$,其他都是 0.那么就不存在这样的极限,因此找不到一个使得 f 的微分为 0 的点.一个可能的方式是限制 f 的类型,也就是对函数加上条件.我们直接就从这里出发,假设 f 满足如下条件:f' 连续,且 $df(\theta_n)=0$,则存在 θ_n 的一个收敛子列,其极限点是 θ.对于这样的 f,我们有 $df(\theta)=0$,这就给出了无穷维的 Rolle 定理.这个条件在无穷维 Morse 理论中就是所谓的 PS 条件,它是数学家 Smale 和 Palais 提出的.

这里还剩下一个问题就是微分是 0 的点可能不在无穷维单位球的内部,而是在球面上.目前我还不知道怎么样限制这个情况的发生.因此还不能说无穷维 Rolle 定理对于满足 PS 条件的泛函成立.

如果进一步看看为什么有限维的时候 Rolle 定理成立是有意义的.这是由于此时作为连续函数在有界的闭区域上是有最大值和最小值的,而在极值点处微分是 0.对无穷维来说,一个有界闭区域上的连续函数可以没有最大值和最小值,因此就可以没有微分为 0 的点.无穷维的单位球面是有界的闭集,它上的连续函数就可以没有极值点.最后我们通过构造一个这样的无穷维函数,它就会不满足 Rolle 定理.但这并不容易做.我自己试了很多次也没有成功地构造出一个足够简单的满足条件的函数,因此我把 J. Ferrer 给出的例子告诉大家. Ferrer 函数如下
$$f(x)=\dfrac{1-(x_1^2+\cdots+x_n^2+\cdots)}{\left(x_1-\dfrac{1}{2}+\parallel x\parallel^2\right)^2+\sum\limits_{i=1}^{+\infty}(x_i-x_{i+1})^2},$$
它就满足在无穷维单位球面上是 0,在内部处处导数存在,但是内部没有任何一点微分为 0.

问题 2 你能构造出别的例子吗?仔细分析这个例子.

5 圆周上的函数

圆周上的函数与闭区间上的函数是有区别的,原因在于圆周上的连续函数对应于闭区间上在两端函数值相等的情况.闭区间上的光滑函数有可能只有一个导数是 0 的点,但是圆周上的光滑函数至少有两个点导数是 0.可以这样来证明:随便把圆周上的一点断开,这对应于闭区间上端点函数值相等的情况,由 Rolle 定理知道有一点导数为 0;现在取这个导数是 0 的点,把圆周在这点断开,根据同样的理由,还有一点导数为 0.这就得到了两个导数为 0 的点.圆周上的函数对应于实数轴上的周期函数.这是一个很强的限制,因此具有特殊的性质,与一般的实数轴上的函数有很大的差异.例如,实数轴上的函数都有原函数,但是一个周期函数可以没有周期原函数.例如,$1+\sin t$,它是一个周期函数,它的一个原函数是 $t+\cos t$,这不是周期的.因此圆周上的微分 1-形式不一定是恰当的,而实数轴上的微分 1-形式一定是恰当的.这个差别本质上直线和圆周的拓扑不一样造成的.

另外一个很有意思的问题是:怎样通过定义在整个实数轴上的函数来构造圆周上的函数? 比如,考虑圆周上的热传导问题,一个自然的想法是利用直线上的解构造圆周上的解,幸运的是可以做到这一点.因为圆周上的函数等价于直线上的周期函数,所以一个构造周期为 T 的函数的技巧就是把所有的周期放在一起作和,即

$$F(x) = \sum_{n=-\infty}^{+\infty} f(x+nT),$$

很明显 $F(x+T)=F(x)$,即为周期函数.理解了由直线上的函数来构造圆周上函数的过程,就可以容易理解自守函数相关的理论以及 Poisson 求和公式和 Selberg 迹公式等这些高等的数学理论.现在利用下面的公式就可以构造出圆周上热传导方程的解

$$\sum_{n=-\infty}^{+\infty}\sum_{m=-\infty}^{+\infty}\frac{1}{\sqrt{4\pi(t_1-t_0)}}\frac{1}{\sqrt{4\pi(t_2-t_1)}}$$
$$\times \int_0^{2\pi}\exp\left\{-\frac{(x_2-x_1+2n\pi)^2}{4(t_1-t_0)}-\frac{(x_2-x_1+2m\pi)^2}{4(t_2-t_1)}\right\}\mathrm{d}x_1$$
$$=\sum_{k=-\infty}^{+\infty}\frac{1}{\sqrt{4\pi(t_2-t_0)}}\exp\left\{-\frac{(x_2-x_0+2k\pi)^2}{4(t_2-t_0)}\right\}.$$

问题 3 试着证明上式.证明如下的积分等式,并按照上面的题目的方式推广到圆周上

$$\frac{1}{\sqrt{2\pi(1-\mathrm{e}^{-2(t_1-t_0)})}\times\sqrt{2\pi(1-\mathrm{e}^{-2(t_2-t_1)})}}$$
$$\times\int_{-\infty}^{+\infty}\exp\left[-\frac{(x_1-x_0\mathrm{e}^{-(t_1-t_0)})^2}{2(1-\mathrm{e}^{-2(t_1-t_0)})}\right]\exp\left[-\frac{(x_2-x_1\mathrm{e}^{-(t_2-t_1)})^2}{2(1-\mathrm{e}^{-2(t_2-t_1)})}\right]\mathrm{d}x_1$$

$$= \frac{1}{\sqrt{2\pi(1-e^{-2(t_2-t_0)})}} \exp\left[-\frac{(x_2-x_0 e^{-(t_2-t_0)})}{2(1-e^{-2(t_2-t_0)})}\right],$$

同样地,把下面这个等式推广到圆周上:

$$\frac{1}{\pi^2} \int_{-\infty}^{+\infty} \frac{t_1-t_0}{(x_1-x_0)^2+(t_1-t_0)^2} \times \frac{t_2-t_1}{(x_2-x_1)^2+(t_2-t_1)^2} \, dx_1$$

$$= \frac{1}{\pi} \frac{t_2-t_0}{(x_2-x_0)^2+(t_2-t_0)^2}.$$

问题 4 圆周上的函数与闭区间上的函数还有哪些区别?哪些区别是本质的,具有新的特点?

6 对严格化理论的需要——极限语言的可操作性定义

前面我们讨论了许多问题,这些问题都是利用微积分的方法给出精确的处理. 这一切使得我们确信微积分确实是一个强有力的技术. 它处理问题的广泛性、简洁性和精确性都是无与伦比的. 但是下面的这些问题提醒我们在应用这些技术时也要小心,避免滥用而引起的荒谬错误. 从这些问题中我们更迫切地希望了解微积分的界限和克服这些错误的方法.

谬误 1 设 $S=2+4+8+\cdots+2^n+\cdots$,则有 $S-2=2(2+4+8+\cdots+2^n+\cdots)=2S$,从而有 $S=-2$. 这个荒谬的结果是怎么产生的?

解答 很显然 S 是无穷大. 普通的数的运算法则是不适于无穷大的.

谬误 2 因为 $\frac{1}{1-x}=1+x+x^2+\cdots+x^n+\cdots$. 所以取 $x=2$,有

$$-1=1+2+4+\cdots.$$

解答 由于这个展开式只是在 $|x|<1$ 时候成立,其他情形不成立,所以不能让 x 取收敛区域之外的值.

谬误 3 令 $a_{ii}=1, a_{(i-1)i}=-1$,其他 $a_{ij}=0$,则有 $\sum_{j=1}^{+\infty}\sum_{i=1}^{+\infty} a_{ij}=1, \sum_{i=1}^{+\infty}\sum_{j=1}^{+\infty} a_{ij}=0$. 不同的相加顺序导致了不同的结果. 这是怎么回事?

解答 这相当于把所有的 a_{ij} 相加的问题,这是个无穷和. 按不同的顺序求和相当于把这个和的顺序打乱,一般来说是不可以的. 也就是说有限项的加法交换律不能无条件推广到无穷项.

谬误 4 当 x 趋于无穷大时,求 $\sin x$ 的极限,记为 A. 作一个变量代换 $x=y+\pi$,则 y 也趋于无穷大,同时 $\sin x=-\sin y$. 因此有 $A=-A$,即无论自变量趋于正无穷大还是负无穷大,极限都为零. 另外,考虑 $\cos x$ 的相应极限,由 $\cos x=\sin\left(\frac{\pi}{2}-x\right)$ 知,它的极限也是零. 这推出 $\sin^2 x+\cos^2 x=0$,这与 $\sin^2 x+\cos^2 x=1$ 是矛盾的.

解答 这是由于自变量趋于无穷大时 $\sin x$ 的极限是不存在的,因此后面那些把这个极限当成存在的所做的一切都是不合理的.

当然还可以举出很多例子来说明,在对待无穷的时候是不能照搬有限情形的规则.这要求我们有一个严格的处理无穷的理论,这个理论就是极限论.在哲学上这是令人满意的,在数学上也是严格的.由此,这些矛盾问题就得到了解决.

我们必然注意到,无穷这样的说法是需要严格的数学表述的,因此必然会问:什么是无穷大,相反地,什么是无穷小?怎么表述?哲学不能提供这个表述.大数学家 Weierstrass 给出了令人满意的解答.他说所谓的无穷大就是无论给一个多么大的数,只要给的是有限的,都能找到一个比给的数还大的数,这个过程就给出了无穷大.反之,无论给一个多么小的正数,都能找到一个比它还小的正数,这个过程就给出了无穷小.无穷是个操作过程!这一切都可以用数列的极限来统一说明.我们常说当 n 趋近于无穷大时,一个数列 a_n 趋于极限 a.比如,$a_n = \frac{1}{n}$,它的极限是 $a=0$.直观上这很明显,n 越大,它的倒数越小,要多小有多小,所以说极限是零.也就是说,只要 n 取得充分大,$\frac{1}{n}$ 就充分小.Euler 称一个量是无穷大是指它比任何数都大.Weierstrass 和 Cauchy 的伟大贡献在于把这些直观的感觉和日常的语言变成了可以严格操作的数量刻画.它的出发点是反着看这个问题,就是先随便给一个小的正数,来找到从哪项开始之后都比这个数小就可以了.他说任意给定一个小的正数 ε,都存在一个正整数 N,从这项开始以后的所有的 $\frac{1}{n}$,都比 ε 小.事实上,只要 $N > \frac{1}{\varepsilon}$ 即可.用一个固定的格式说,极限 $\lim\limits_{n \to +\infty} \frac{1}{n} = 0$ 的意思就是:任取 $\varepsilon > 0$,都能找到正整数 N,使得当 $n > N$ 时,有 $\frac{1}{n} < \varepsilon$.一般地,$\lim\limits_{n \to +\infty} a_n = a$(读作 n 趋近于无穷大时,数列 a_n 的极限是 a)的意思是

任取 $\varepsilon > 0$,存在正整数 N,使得当 $n > N$ 时,有 $|a_n - a| < \varepsilon$.

这里的关键之处是 ε 的任意性.有了以上定义我们就可以严格陈述一个数列的极限问题了.问题就变成了给定一个 ε,寻找相应的 N 就可以了.比如,$\lim\limits_{n \to +\infty} \frac{n}{n+1} = 1$,它的意思是只要 n 取得充分大,$\frac{n}{n+1}$ 与 1 的差就充分小.我们任意取一个充分小的差 ε,由 $\left|\frac{n}{n+1} - 1\right| < \varepsilon$ 有,$n > \frac{1}{\varepsilon} - 1$.因此只要取 $N = \frac{1}{\varepsilon}$ 即可.

有了数列极限的定义,就可以给出级数的收敛定义了.同样也可以给出函数的极限和连续性以及导数的严格定义.这样就可以看到前面的矛盾问题来源于某些极限是不存在的.有了极限的严格定义我们才能严格地说极限的不存在是怎么回事.

对于无穷级数 $S=a_0+a_1+\cdots+a_n+\cdots$,它的和存在当然是指 $S_n=a_0+a_1+\cdots+a_n$ 的极限存在.比如,$a_n=(-1)^n$,那么 $S_{2n}=0,S_{2n+1}=1$,因此极限不存在.也就是说这个级数不收敛.对于不收敛的级数按普通规则处理就会导致矛盾.

对函数来说,可以考虑它在一点处的极限,就是所谓的连续性.从图像上看就是曲线是否不间断.Cauchy 把数列的极限情况加以改造给出了函数 $f(x)$ 在 x_0 点处连续的定义.用不严格的话说就是当 x 趋近 x_0 时,$f(x)$ 趋近于 $f(x_0)$.换句话说,就是想让 $f(x)$ 离 $f(x_0)$ 有多近就可以有多近,只要让 x 离 x_0 更近就能做到.把这些话变成可以操作的语言就是

任取 $\varepsilon>0$,存在正数 δ,使得当 $|x-x_0|<\delta$ 时,有 $|f(x)-f(x_0)|<\varepsilon$.

这就是连续性的定义.这同时也给出了函数的极限的定义.这些定义之所以重要,是因为这是能够操作的,它把哲学的语言转化成了可以操作的数学语言.我们只需要由 ε 解出 δ 就说明这样的极限存在了,否则极限就不存在.由函数的极限定义自然可以给导数一定严格的定义.我们说 $f(x)$ 在 x_0 处存在导数 $f'(x_0)$,是指

$$\lim_{x\to x_0}\frac{f(x)-f(x_0)}{x-x_0}=f'(x_0)$$

存在.或者换个形式为 $\lim_{\Delta x\to 0}\dfrac{f(x+\Delta x)-f(x)}{\Delta x}=f'(x)$,这就是 $f(x)$ 在 x 处存在导数 $f'(x)$.很容易用这些定义来说明 $f(x)=|x|$ 在 $x=0$ 处是连续的但是导数不存在.

对于积分同样面临严格的定义问题.不同的计算方式将导致不同的定义.例如,Riemann 的定义是将区间任意小地分割,然后每个小段作乘积,再把所有的加在一起,然后取极限,如果这个极限存在就定义为区间上的面积,也就是定积分.按这个定义 Dirichlet 的函数是不可积分的,但是按照 Lebesgue 的定义就是可以积分的.这说明不同的定义方式给出的不同计算方法是有特殊与普遍的差别的.你也可以试试有无更新颖的计算面积的方法.

7 关于分数阶微积分的闲话

分数阶微积分的历史是我感兴趣的一个主题,它代表了数学中非主流分支的生存境遇,很有代表性.一些大数学家曾经研究过这个问题,基本的概念由这些大人物给出来了.Leibniz 就希望给出二分之一阶导数的意义,而 Riemann 和 Liouville 建立了应用最普遍的分数阶微积分的定义.Riesz 也曾写了一篇 200 页左右的长文用分数阶微积分求解偏微分方程.这个定义尽管看起来把微积分的阶数由整数变成了一般的实数,但是这只能属于形式的推广,不符合 Leibniz 对分数阶微积分的要求.因此这里要讨论的是 Leibniz 心中的分数阶微积分应该是什么样的.

按照 Leibniz 的精神,导数是微分之间的比值,dy 和 dx 成正比,比例系数就是导

数,即
$$dy = y'(x)dx.$$
因此按照 Leibniz 的精神,所谓的分数阶导数,如二分之一阶导数,最直接的想法就应该是,让 dy 和 $(dx)^{\frac{1}{2}}$ 成正比,即
$$dy = y^{(\frac{1}{2})}(x)(dx)^{\frac{1}{2}},$$
或者写成
$$\frac{dy}{(dx)^{\frac{1}{2}}} = y^{(\frac{1}{2})}(x).$$
一般的 α 阶导数就是微分之间的关系式
$$dy = y^{(\alpha)}(x)(dx)^{\alpha},$$
或者
$$\frac{dy}{(dx)^{\alpha}} = y^{(\alpha)}(x),$$
这里 $0<\alpha<1$. 这些表达式看着很美妙,可以有很多漂亮的性质,例如,普通导数的加减乘除和复合的性质它们都有. 通常的初等函数都是光滑的,除某些点之外. 当 $0<\alpha<1$ 时,α 阶导数处处存在的函数一定是处处不光滑的. 事实上,如果在一点 x 存在,如二分之一阶导数,那么在这点就没有一阶导数,在通常意义下不可微了,也就是在这点图像不光滑,有尖点. 如果处处存在二分之一阶导数,这个函数的图像就处处不光滑. 这些函数都在我们的直觉之外,你很难用初等函数构造一个处处不光滑的函数,尽管随便一个函数应该几乎就是处处不光滑的. 那么,这个看起来美妙无比的定义是否只是空中楼阁?

问题 5 在区间 $(0,1)$ 上,不存在一个连续函数,使得它处处(或几乎处处)存在 α 阶导数,这里 $0<\alpha<1$. 证明或举出反例.

参 考 文 献

刘成仕,杜兴华.2007.面积,行列式,积分因子和 Green 公式[J].数学的实践与认识,37(7):159-161.

苏竞存.2005.流形的拓扑学[M].武汉:武汉大学出版社.

柯朗,希尔伯特.2011.数学物理方法[M],卷Ⅰ.钱敏,郭敦仁,译.北京:科学出版社.

欧拉.2013.无穷分析引论[M].张延伦,译.哈尔滨:哈尔滨工业大学出版社.

Klein M.1979.古今数学思想[M].北京大学数学系数学史翻译组,译.上海:上海科学技术出版社.

Klein F.2008.高观点下的初等数学[M].吴大任,舒湘芹,等译.上海:复旦大学出版社.

Klein F.2010—2011.数学在十九世纪的发展[M].齐民友,李培廉,译.北京:高等教育出版社.

Lieb E,Ross M.2006.分析学[M].2 版.王斯雷,译.北京:高等教育出版社.

Dunham W.1990. Journey Through Genius: The Great Theorems of Mathematics[M]. New York: John Wiley and Sons.

Albiac F, Kalton N J.2006. Topics in Banach Space theory[M]. GTM233, Berlin Heidelberg: Springer-Verlag.

Gelfand I M, Graev M M I.2003. Selected Topics in Integral Geometry [M]. Providence, RI: Amer. Math. Soc.

Rosenlicht M.1972. Integration in finite terms[J]. The American Mathematical Monthly,79:963-972.

Gardner R.2002. The Brunn-Minkowski inequality[J]. Bulletin of the American Mathematical Society,39(3):355-405.

Feynman R, Hibbs A.2012. Quantum Mechanics and Path Integrals[M]. New York: Emended edition Dover Publications.

Lèvy P.1951. Problèmes Concrets d'Analyse Fonctionelle[M]. Paris: Gautrier-Villars.

Mitzenmacher M, Uptal E.2005. Probability and Computing[M]. Cambridge: Cambridge University Press.

Santalo L A.1976. Integral Geometry and Geometric Probability[M]. Boston: Addison-Wesley Publishing Company.

Van der Put, Singer M F.2003. Galois Theory of Linear Differential Equations[M]. New York: Springer.

Liu C S.2010. The essence of the homotopy analysis method[J]. Applied Mathematics and Computation,216(4):1299-1303.

Liu C S.2011. The essence of the generalized Taylor theorem as the foundation of the homotopy analysis method[J]. Communications in Nonlinear Science and Numerical Simulation,16(3):1254-1262.

Liu C S, Liu Y.2010. Comparison of a general series expansion method and the homotopy analysis method[J]. Modern Physics Letters B,24(15):1699-1706.

Liu C S.2011. How many first integrals imply integrability in infinite-dimensional Hamilton system[J]. Reports on Mathematical Physics,67(1):109-123.

Liu C S. 2013. Ornstein-Uhlenbeck process, Cauchy process, and Ornstein-Uhlenbeck-Cauchy process on a circle[J]. Applied Mathematics Letters,26(9):957-962.

Liu C S. 2003. The graph properties of the fixed points of smooth self-mapping on [0,1] with a parameter and their applications[J]. 纯粹数学与应用数学,19(3):286-290.

后　　记

　　终于将本书写完了,还是不太满意.它不是自包含的,但是这个问题不严重.还有很多标准的内容我也没讲,如中值定理.一些处理,比如测度集中的问题,我的讲解没有做到水晶般简洁明澈.这是以后需要加以改进的.

　　2005 年给东北石油大学数学系的新生做了一次关于微积分的报告,我写了四页纸的一个讲稿.从那次开始我就计划写一本书来讲解我对微积分的理解.这期间,我每年都给新招来的研究生讲授一些课程,内容由我自己来选择.因为这些学生的基础较差,所以我几乎都是从微积分开始讲的,然后按照当年我的兴趣讲一个系列.一般来说,我会按照分析的路线讲复变函数、常微分方程、偏微分方程、变分法,以及泛函分析中的一些内容.有时候我也会按照代数和数论的路线讲 Galois 理论以及初等数论、代数数论和解析数论,有一年还讲了群表示论以及高等复分析,其中包括椭圆函数和自守函数,进而过渡到微分方程的解析理论和可积系统.讲数论的根本目的是希望自己能理解数学的核心领域的问题和技巧,以及与数学其他领域的深入联系.第二年的高级课程,我主要讲经典力学的数学方法(Arnold 的书和 Landau 的书),也讲一些量子力学和量子场论的 Feynman 路径积分,这是数学物理的一部分.

　　这些年讲过内容很多,有一些是我经过深思熟虑的,对其有了更深的理解.有一些是我想学的内容,通过讲课我理解得更好了.因为兴趣使然,我要看很多书和文章.我喜欢对有代表性的例子作详细分析,从特例中就可以得到普遍的认识.我受不了那种从定义、定理到证明的方式,希望入门性质的数学书都能尽可能做到问题的提法简短清晰并且讲解详细.

　　关于参考文献还要说几句.所列的书和文章都是我参考过的,风格和内容也大都是我很喜欢的.很多年里我不停地拿起 M.克莱因的《古今数学思想》,反复阅读.F.克莱因的《高观点下的初等数学》,这真是一部无与伦比的著作,我从这里有了很多有趣的想法.当然还有一些著作给了我启发,如 Radon 变换的部分取自 Gelfand 等的积分几何著作.关于无穷维分析的一些想法受到了 P.Levy 的法文著作《泛函分析中的具体问题》的许多启发.使我受益的材料很多,无法一一列举了.这些影响都是潜移默化的,最后才形成我现阶段对微积分的理解.